Torsten Osthus
Chefsache Empowerment

Torsten Osthus

CHEFSACHE
EMPOWERMENT

Wie es einem Unternehmer gelingt,
dass seine Mitarbeiter Verantwortung übernehmen
und über sich hinauswachsen

Bibliografische Information der Deutschen Nationalbibliothek
Die Deutsche Nationalbibliothek verzeichnet diese Publikation in der Deutschen
Nationalbibliografie; detaillierte bibliografische Daten sind im Internet über
http://dnb.d-nb.de abrufbar.

Hinweis: Aus Gründen der leichteren Lesbarkeit wird auf eine geschlechtsspezifische
Differenzierung verzichtet. Entsprechende Begriffe gelten im Sinne der Gleichbehandlung
für beide Geschlechter.

ISBN 978-3-7093-0599-7 (Print)
ISBN 978-3-7094-0701-1 (E-Book-PDF)
ISBN 978-3-7094-0702-8 (E-Book-ePub)
Es wird darauf verwiesen, dass alle Angaben in diesem Werk trotz sorgfältiger Bearbeitung
ohne Gewähr erfolgen und eine Haftung des Autors oder des Verlages ausgeschlossen ist.

Umschlag: buero8
Satz: Strobl, Satz·Grafik·Design, 2620 Neunkirchen

© LINDE VERLAG Ges.m.b.H., Wien 2015
1210 Wien, Scheydgasse 24, Tel.: 01/24 630
www.lindeverlag.de
www.lindeverlag.at
Druck und Bindung: PBtisk a.s.
Dělostřelecká 344, 261 01 Příbram, Tschechien – www.pbtisk.eu

Inhalt

Von einem anderen Stern

Bereits in der 10. Klasse schien meine schulische Laufbahn am Ende: Nach dem ersten Halbjahr eine Sechs in Latein und zwei Fünfen. Betonfünfen, wie mein Lehrer meinte – eine in Mathe, eine in Chemie. Meine Mutter offenbarte mir Jahre später, dass mein Lateinlehrer ihr mitgeteilt habe, noch nie einen so „saufaulen" Schüler wie mich gehabt zu haben.

Während meine Mutter eine Nacht nur weinte, wovon ich – Gott sei Dank! – damals nichts wusste, war ich schlicht frustriert. Gleichzeitig war ich aber auch davon überzeugt, dass ich mehr konnte, als meine schulischen Leistungen zeigten.

Zu diesem Zeitpunkt kam irgendjemand auf die geniale Idee, mich zur Berufsberatung zu schicken. Da mein Vater Schlosser war und ich immer schon Freude am Werken hatte, war der Berufswunsch schnell klar: Maschinenbauingenieur. Der Berufsberater empfahl, Mathematik und Physik als Leistungskurse zu nehmen, mindestens aber Mathe und Chemie.

Oh Gott, dachte ich, Physik kommt gar nicht in Frage! Nun gut, Chemie ginge auch. Da gab es nur ein Problem: die zwei Betonfünfen. Die waren nicht gerade ein Empfehlungsschreiben. Aber ich war beseelt, mein Berufswunsch war geboren. Und so ging ich am nächsten Tag zu meinem Mathe- und Chemielehrer und fragte ihn, was er von meiner Idee halte, Mathe und Chemie als Leistungskurse zu nehmen.

Ich werde seinen Blick nie vergessen. Er sah mich an, als käme ich von einem anderen Stern. Aber ich muss wohl überzeugt gewirkt haben, denn statt zu lachen fragte er mich, ob ich das wirklich ernst meinte.

Und ob! Ich erzählte ihm mit der in mir steckenden Überzeugung und Begeisterung von meinem Berufswunsch.

Und er?

Tja. Ganz anders, als erwartet, schien er gar nicht skeptisch. Stattdessen sagte er: „Torsten, wenn du das wirklich willst, dann schaffst du das!"

Und er sollte Recht behalten: Ende der 10. Klasse hatte ich meine Betonfünfen in bessere Noten verwandelt. Doch das war erst der Anfang. Die erste Mathearbeit im Leistungskurs schloss ich mit der zweitbesten Note des gesamten Kurses ab.

Keiner konnte es glauben. Auch ich nicht.

Rückblickend ist für mich an dieser Episode zweierlei bedeutsam. Zum einen hatte ich damals erstmalig ein Ziel vor Augen, das den starken Willen beschwor, es – komme, was wolle! – zu erreichen; zum anderen erlebte ich, wie mich das Zutrauen, das mir mein Lehrer zeigte, beflügelte, das Unmögliche möglich zu machen.

Heute ist es mir eine Herzensangelegenheit, genauso zu handeln: in den Menschen stets ihre verborgenen Potenziale zu sehen – den ungeborgenen, ungeschliffenen Diamanten – und sie zu ermutigen, ihn zu bergen, zu schleifen. Das ist für mich der Schlüssel zu guter Führung, den ich Ihnen mit diesem Buch an die Hand geben möchte.

Kapitel 1

Am 30. Februar ... Warum Freiheit nicht immer verantwortliches Handeln nach sich zieht

„Das kann nicht wahr sein! Das ist eine Katastrophe!" Eine wütende Stimme schallt mir aus dem Smartphone ins Ohr. Und hört nicht mehr auf zu schimpfen: „Von Anfang an war das ein Desaster! Ich hätte nicht gedacht, dass Sie Ihr Unternehmen so wenig im Griff haben! Wo um Himmels Willen ist Ihr Projektleiter? Erklären Sie es mir, Herr Osthus!"

Ich bin in der Schweiz und diskutiere in gepflegter Atmosphäre seit Stunden hochkonzentriert mit Atilla, meinem Freund und Führungsexperten, und einem Beraterteam. Dafür habe ich mir zwei Tage freigeschlagen. Wir wollen expandieren und in den nächsten Monaten sind wichtige Standortentscheidungen zu treffen. Es geht um sehr viel Geld. Es geht um die Zukunft meines Unternehmens.

Doch nun unterbricht mich dieser Anruf eines Kunden aus Norddeutschland und holt mich schlagartig zurück ins Tagesgeschäft. Es geht um die Auslieferung einer Software an diesen Kunden. Etwas muss grundlegend schiefgegangen sein. Darüber besteht kein Zweifel. Im ersten Moment weiß ich gar nicht, wie mir geschieht.

Doch auch im zweiten Moment habe ich der Stimme am Ohr nichts entgegenzusetzen.

„Wir bestellen bei Ihnen Software. Unsere Produktion hängt davon ab. Und dann klappt nichts!"

Es geht weiter und weiter mit Vorwürfen und Anklagen. Ab und zu sage ich etwas, aber mein telefonisches Gegenüber ist nicht interessiert an meinen Antworten. Dass man mir am anderen Ende offensichtlich gar nicht zuhört, ist das einzig Gute an diesem Gespräch. Denn ich habe keine überzeugenden Antworten.

Vor allem kann ich nicht erklären, warum mein Projektleiter heute nicht bei der Auslieferung dabei gewesen ist. Das ist ohne Wenn und Aber ein eklatantes Versäumnis, denn bei einer Auslieferung kann es immer mal ein Problem geben. Probleme sind zum Lösen da – aber ein Projektleiter kann das nur tun, wenn er auch vor Ort ist …

So langsam steigt hinter meiner Ohnmacht die Wut auf. Nicht auf den Kunden, sondern auf meinen Projektleiter. Eigentlich sollte ich mich um die Unternehmensstrategie kümmern. Doch stattdessen werde ich mit Vorwürfen für die Arbeit meines Projektleiters konfrontiert.

Irgendwann ist das Gespräch zu Ende. Ich bin erschöpft und fühle mich hilflos. Was kann ich tun? Ich bin rund 700 Kilometer Luftlinie entfernt vom Ort des Geschehens.

Ich starre vor mich hin, Atilla fragt, was los sei. Ich antworte, wir hätten ein Problem und mein Projektleiter sei nicht vor Ort. Ich müsse fahren.

Ich schaute Atilla in die Augen und sah seine Enttäuschung. Fliegen konnte ich nicht mehr, es war zu spät. Ich ließ das Geschehene dann erst einmal sacken, ging raus in den Garten und wählte die Nummer des Projektleiters. Aber jetzt kam erst das Schlimmste. Ausreden, Ausreden, Ausreden: Es sei völlig unnötig, dass er vor Ort sei, er könne ja sowieso nichts machen. In dem Moment wurde es still in mir und ich merkte, wie in mir ein innerer Tsunami entstand. Innerhalb von Millisekunden kippte meine Enttäuschung in Wut und Aggression und ich schrie ins Telefon. Vorbei war es mit der Contenance. Der Abend war gelaufen, ich konnte mich nicht mehr auf das Gespräch konzentrieren. Ich ging früh ins Bett, konnte aber nicht schlafen, die Gefühle – eine Mischung aus Verzweiflung, Wut und Hilflosigkeit – ließen mich einfach nicht los. Am nächsten Morgen saß ich beim Kunden. Ich war zurückgeflogen aus der Schweiz. Anders als gedacht, ging es an diesem Tag also nicht um den neuen Standort, sondern darum, beim Kunden wieder ein Standing zu erhalten.

Und so saßen wir dann zu zehnt am Tisch und ich gab wirklich alles, um die Fronten aufzuweichen. Am Nachmittag besorgte ich Kuchen. „Wo nichts mehr hilft, da hilft Schokolade …" – ich wusste gar nicht, wo ich das her hatte. Irgendwie klappte es und die Stimmung wurde besser. Der Projektleiter hatte es schließlich auch hierher geschafft. Und tatsächlich hatte er bei der Problemlösung gute Vorschläge. Und das war nun wirklich typisch für ihn. Eigentlich ist er ein bewährter Problemlöser in der Firma. Deswegen war er auch zu diesem Projekt hinzugestoßen, als sein Vorgänger auf dem besten Wege gewesen war, an der komplexen Aufgabe zu scheitern.

Ja, das Projekt war kurz vor dem Abgrund gestanden, doch dann kam er und hat es aus der Krise geführt. Er hat die Fähigkeit, Dinge zu retten. Er hat überhaupt sehr viele Fähigkeiten. Vor allem ist er ein extrem guter Technologieexperte.

Angesichts der schwierigen Ausgangslage hat er einen guten Job gemacht. Das erkenne ich auch an, ohne Wenn und Aber. Nur was die Auslieferung betrifft – das machte mich fassungslos. Bei der Auslieferung des Produkts dabei zu sein ist eine Selbstverständlichkeit. Wie kann er sich erlauben, bei diesem ohnehin schon angespannten Kunden nicht anwesend zu sein, wenn wir ins Ziel steuern? Interessiert ihn das denn nicht?

Es war ein unendlich langer Tag. Am Ende klappte es schließlich doch noch, Lösungen zu finden und die Auslieferung zu retten. Spät in der Nacht komme ich nach Hause. Ich bin wirklich müde. Und es sind nicht nur die vielen Gespräche, die mir in den Knochen stecken. Nein es sitzt tiefer: Ich habe es satt! Nicht nur bei diesem Projekt, sondern grundsätzlich: Ich habe keine Lust mehr, die Kohlen aus dem Feuer zu holen. Es ist wie ein Mantra in meinem Kopf. Ich möchte den Tag erleben, an dem die Mitarbeiter an die Gesamtverantwortung denken und nicht nur an ihren Teil. Wann arbeiten sie wirklich selbstständig? Ohne mich. Wird es diesen Tag geben?

Meine innere Stimme meldet sich zu Wort. Sie klingt ironisch. Sie klingt geradezu gemein: „Torsten, gewiss wird dieser Tag kommen. Und ganz gewiss wird es der 30. Februar sein." Denn dieser steht im Gegensatz zum 29. niemals im Kalender.

Warum nur klappt es so schlecht, etwas vollständig weiterzugeben? Etwas vollständig erledigt zu bekommen? Sich um nichts mehr kümmern zu müssen? Ist Verantwortung für die Mitarbeiter ein unmögliches Geschäft? Oder liegt es an unserer Erwartung als Führungskraft, dass ein Mitarbeiter Verantwortung übernimmt für etwas, das er noch gar nicht sehen kann?

Das große Ganze

Das, was ich da erlebt habe, erlebt jeder Chef, der seinen Mitarbeitern Verantwortung geben will – nur in unterschiedlicher Intensität. Egal, ob es die Entwicklung, die Administration oder der Vertrieb ist, der Punkt ist immer der: Sie geben Ihrem Mitarbeiter eine Aufgabe – und am Ende machen Sie es selbst. Es ist wie mit einem Bumerang. Eine Zeitlang haben Sie die Hände frei, aber dann kommt zurück, was Sie delegiert haben. Und dann hat es noch mehr Wucht. Ist so richtig akut. Wirft Sie aus allem heraus, was es eigentlich zu tun und erledigen galt. Sie werden zum Feuerwehrmann.

Aber warum ist das so? Warum nur klappt es so schlecht, Aufgaben vollständig weiterzugeben und sie vollständig erledigt zu bekommen? Also nicht zu 80 oder 90 Prozent, nein, wirklich zu 100 Prozent. Zumal Plan K ja auch nicht gewollt ist.

Plan K wie Kontrolle. Und das ist kein guter Plan. Sie wissen doch: Wenn Sie zu viel vorgeben und zu viel kontrollieren, dann sind die Mitarbeiter eingeschüchtert. Deswegen geben Sie ihnen ja gerade Freiheit! Warum also übernehmen sie nicht die volle Verantwortung? Wollen sie denn lieber kontrolliert werden?

Zwar hat jeder Mitarbeiter seinen Bereich gut im Griff, aber oftmals fehlt der Blick, die Verantwortung für das Ganze. Das Problem dabei ist, dass die Teile für den Kunden erst dann einen Wert erhalten, wenn das Ganze zusammengefügt ist und der Kunde das funktionierende Endprodukt in den Händen hält. Solange die Mitarbeiter Stückwerk abliefern und keine Verantwortung für das Ganze übernehmen, ist ihr Einsatz viel weniger wert. Wenn der Abschluss nicht funktioniert, wird alles wertlos, was Mitarbeiter vorher geleistet haben. Das ist bei Menüs so, das ist bei Konzerten so, das ist bei einer Rede so – und bei Software auch. Das verbockte Ergebnis ist das, was schlussendlich in den Köpfen der Kunden und Führungskräfte hängenbleibt.

Warum denken manche Mitarbeiter nicht daran? Warum denken viele nur an ihren Teil, doch nicht daran, dass am Ende das Gesamtergebnis zählt?

Viele Führungskräfte, die ihren Mitarbeitern mehr Freiheit und Verantwortung gegeben haben und damit gescheitert sind, fühlen sich von ihrem Team im Stich gelassen und ziehen nach den ersten bitteren Erfahrungen die Zügel wieder an. Sie stellen kleinteilige Regeln auf, statt über eine generelle Geschäftspolitik zu führen, die klar besagt: „Eine Rechnung ist geschrieben, wenn das Geld auf dem Konto ist", also ein bestimmtes Ergebnis erzielt ist. Sie sagen ihren Leuten von nun an nicht nur, was zu tun ist, sondern wieder genau, *wie* Projekte zu laufen haben. Dann eben doch die „Mikro-Kontrolle". Die Kandare eng nehmen, die Leute streng führen. Immerhin haben sie es ja versucht: Sie haben den Mitarbeitern vertraut. Das hat nicht funktioniert. Dann müssen die Freiheiten eben wieder beschnitten werden. Selber schuld.

In der Tat, ich finde diese Reaktion nachvollziehbar. Ich habe ja selbst schon so reagiert. Der Wunsch nach Kontrolle ist etwas zutiefst Menschliches. Dahinter steht das tief sitzende Bedürfnis nach Orientierung und Sicherheit. Die Ursache dessen ist leicht erklärt, dem Chef fehlen Vertrauen und Zutrauen in seine Mitarbeiter.

Der Preis von zu viel Kontrolle ist jedoch, dass die persönliche Entfaltung, die Entwicklung aller Beteiligten auf der Strecke bleiben. Im Extremfall führt der Wunsch nach Kontrolle zu Misstrauen und damit zu übertriebener Überwachung. Das will keiner. Das passiert Ihnen gewiss niemals, oder?

In der Tat sind es typischerweise patriarchalische Chefs oder Perfektionisten, die es mit der Kontrolle übertreiben. Doch seien wir ehrlich. Letztendlich kann uns dies allen passieren.

Angst vor Kontrollverlust

Wenn Menschen in einem patriarchalischen Umfeld groß geworden sind, dann ist die Angst vor Kontrollverlust ganz besonders ausgeprägt. Führungskräfte dieses Schlages bauen ihr Unternehmen oft beinahe zu einem Überwachungsstaat aus. Was für eine grauenhafte Atmosphäre.

Solche Chefs wollen immer ganz genau wissen, was ihre Mitarbeiter im Moment machen. Was sie gemacht haben und was sie machen wollen. Und als wäre das nicht schon schlimm genug, geht es für diese Chefs dann auch noch um das Wie. Es geht um klitzekleine Details, wie eine Arbeit erledigt werden soll. Das ist dann wie in der Schule: Nicht nur das Ergebnis muss der Vorstellung des Lehrers entsprechen, sondern auch der Lösungsweg!

Und wenn das gewünschte Verhalten dem Mitarbeiter ausführlich und umständlich erläutert wird: Schafft das Klarheit? Wohl kaum. Der Mitarbeiter ist durch die vielfältigen Anweisungen des Chefs verwirrt – „Wie war die Reihenfolge nochmal?", „Was sollte ich nun tun?", „Und was soll ich Müller jetzt konkret am Telefon erzählen? Er hat mir da doch einen Satz vorgesprochen …"

So richtig unangenehm wird die Situation für den Mitarbeiter, wenn der Chef ihm dann zudem immer und immer wieder über die Schulter schaut. Er fragt nach, beobachtet, der Mitarbeiter kommt kaum zur Erledigung seiner Dinge. Was weitere Erklärungen und Anweisungen nach sich zieht. Es dreht sich alles schön im Kreis.

Vorgesetzte, die eine Kultur des Kontrollierens pflegen, benötigen diese stetige Information, das Wissen darüber, was der Mitarbeiter tut. Nur so können sie einigermaßen beruhigt sein, denn sie brauchen das Gefühl, prinzipiell an jeder Stelle eingreifen zu können. Und wenn diese Chefs es ganz ungeschickt machen, dann tun sie das auch. Perfektionismus ist gut im Flugzeugbau, aber nicht in der Führung von Menschen.

• •

Vorgesetzte, die eine Kultur des Kontrollierens pflegen, brauchen stetige Information über jedes Detail. Nur so haben sie das Gefühl, prinzipiell an jeder Stelle eingreifen zu können. Nur dann sind sie beruhigt.

• •

Diese Art der Führung klingt grauenhaft! Von vorvorgestern. Es ist eine Form von Beherrschung, es geht um Gehorsam, Ordnung, Autorität und Fügsamkeit. Tatsache ist allerdings, dass selbst Chefs, die eigentlich fortschrittlich sind, der Idee der Kontrolle verfallen können. Gewiss nicht so extrem, wie geschildert. Doch gerade wenn das Experiment Freiheit frisch gescheitert ist: Was bleibt einem da denn noch übrig?

Nur so, nicht anders!

Schauen wir da genauer rein. Meine Erfahrung ist eindeutig: Je mehr Vorgaben, je mehr reingeredet wird, desto schlechter die Stimmung im Team. Und je schlechter die Stimmung, desto schlechter die Ergebnisse, an denen natürlich keiner schuld sein will.

Das Problem ist, dass ein „Was-und-Wie-Chef", ich nenne ihn jetzt einfach mal so, sehr viele Anlässe schafft, an denen Mitarbeiter scheitern können. Die Mitarbeiter sind nun mal nicht der Chef und gehen die Dinge daher oftmals ein wenig anders an, als er selbst dies tun würde.

Mitarbeiter haben ihre eigene Art, Dinge zu erledigen. Sie werden daher die Aufgabe immer schlechter realisieren, als der, der es sich nach seinen Maßstäben überlegt hat. Wie sollten sie auch, jeder tickt ja Gott sei Dank anders. Die Potenziale der Mitarbeiter werden bei diesem Anspruch des Chefs jedoch völlig verkannt. In dermaßen eng gefassten Rollen haben sie keinerlei Entfaltungsraum.

Die Bereitschaft zur Verantwortungsübernahme sinkt unter diesen Bedingungen rapide ab. Und das ist ja auch nachvollziehbar. Wie würden Sie sich fühlen, wenn Sie Abarbeitungshäppchen statt Aufgaben vorgesetzt bekämen? Degradiert? Nicht wertgeschätzt? Bevormundet? Keineswegs beflügelt – so viel ist klar!

- -

Die Bereitschaft zur Verantwortungsübernahme sinkt rapide ab, wenn Mitarbeiter Abarbeitungshäppchen vorgesetzt bekommen und zur verlängerten Werkbank des Chefs werden.

- -

Manche Vorgesetzte landen gar bei einem Verhalten, das für jeden Außenstehenden ganz klar in den Bereich des Unwürdigen fällt. Mitten im Verkaufsgespräch fragt der Grand Seigneur, der schon längst den Stab an seinen Nachfolger weitergegeben haben wollte, beim Kunden nach, ob dieser gut beraten werde. Und nein, der Angestellte ist nicht etwa kurz weg, er sitzt direkt daneben. Zerrütteter kann eine Arbeitsbeziehung kaum sein.

Selbst wenn es nicht so schlimm kommt, bleibt Kontrolle schwierig, sofern sie das Was und Wie der Arbeit abfragt. Tatsächlich können sich Mitarbeiter in ihren Stärken nur unter den Bedingungen von Freiheit und Verantwortung entfalten. Nur bedeutet Freiheit, und das ist der entscheidende Punkt, den Mitarbeiter zu begleiten und zu befähigen. Alleinlassen ist mit Freiheit nicht gemeint. Und genau da liegt der Hase im Pfeffer und letztendlich auch die Herausforderung in der Führung.

> Mitarbeiter können ihre Stärken nur unter den Bedingungen von Freiheit und Verantwortung entfalten.

Die neue Aufgabe

Es war schon ziemlich spät. Ich hastete in unserem Büro den Gang entlang und beeilte mich, zum Flughafen zu kommen, um den Spätflug noch zu erwischen. Doch dann hörte ich aus einer offenen Bürotür die polternde Stimme eines Mitarbeiters. Einer meiner Abteilungsleiter. Offensichtlich hatte etwas nicht geklappt in seinem Verantwortungsbereich.

Er schimpfte: „Nein, also wirklich nein, so kann man das nicht machen! Es ist falsch, falsch, falsch, jedes Mal! Da müssen Sie nochmal ran. Nächste Woche muss der Projektplan in Hamburg sein, Frau Kleinert!"

Frau Kleinert? Über sie ärgerte er sich so sehr? Das erschien mir seltsam.

Eigentlich ist sie besonnen, klug und engagiert. Ich traue ihr Großes zu. Dass es mit ihr solche Probleme geben könnte, wie ich sie aus dem Gespräch, dessen unfreiwilliger Zeuge ich geworden war, heraushörte, konnte ich mir gar nicht vorstellen. Dennoch, ich musste dringend weiter. Aber ich beschloss, dem bei nächster Gelegenheit nachzugehen.

Jetzt stehe ich vor dem Büro von Mara Kleinert. Es ist Montag und nur drei Tage später. Mara Kleinerts Zuständigkeiten sind erweitert worden. Projektplanung ist neu dazugekommen. Das ist keine einfache Aufgabe, die Projekte bei uns sind komplex. Ist sie überfordert? Genug Gedanken, genug Fragen. Ich klopfe an, sie bittet mich herein.

Sie wirkt schmal und bedrückt und vor allem ihre dunklen Augenringe erschrecken mich. Kommt sie mit ihren neuen Aufgaben nicht klar? Was liegt ihr so schwer auf der Seele?

In ihrem Büro sehe ich vor allem eins: Unterlagen. Ordner stapeln sich rechts und links auf dem Tisch. Überdies auf dem Boden.

„Hallo Frau Kleinert, wie geht es Ihnen? Was machen die neuen Aufgaben?"

Ich fühle mich komisch, das angesichts der Ordnerstapel zu fragen. Aber irgendwie muss ich ja beginnen.

„Ach, mir es geht es gut", sagt sie.

– Das sieht nicht so aus, denke ich spontan.

„Ja, die neuen Aufgaben sind toll", fährt sie fort.

– Nichts glaube ich weniger, kommentieren meine Gedanken.

Doch weil meine innere Stimme niemandem hilft und weil ich einen Verdacht habe, fange ich an zu sprechen: „Frau Kleinert, sie sehen übernächtigt aus."

Sie schaut mich überrascht an, scheinbar habe ich ins Schwarze getroffen.

„Was meinen Sie, bei mir ist wirklich alles ok, vielleicht etwas viel, aber sonst …"

Ich wähle die lockere Tonspur: „Frau Kleinert, ich hätte Sie ja zwischen den Stapeln fast nicht gefunden. So kenne ich Sie gar nicht. Sie schaffen sich doch immer erst einen Überblick, bevor Sie etwas Neues anfangen."

Zögerlich antwortet sie, ich merke, sie ist den Tränen nahe: „Vielleicht ist die neue Aufgabe doch nichts für mich, so viel Neues wissen Sie."

„Frau Kleinert, Sie haben recht, die neue Aufgabe ist wirklich eine große Herausforderung, deshalb haben wir auch Sie gefragt, ob Sie sie übernehmen wollen. Und ich habe auch am Anfang gemerkt, wie Sie sich auf die neue Aufgabe gefreut haben. Was ist jetzt anders?"

Frau Kleinert schluckt und weicht meinem Blick aus: „… Vielleicht ist es der ganze Druck." Ich konnte förmlich spüren, wie ihr Selbstvertrauen wankte.

„Frau Kleinert, was genau macht Ihnen denn den Druck?"

„Ich weiß nicht, womit ich anfangen soll."

„Frau Kleinert, Sie wissen also nicht, mit was sie beginnen sollen in dem Projekt?"

„Doch, das weiß ich schon."

Ich bleibe hartnäckig.

„Ja, macht Ihnen der Kunde denn Druck?"

„Nein, da ist überhaupt kein Problem."

„Wer macht Ihnen denn dann den Druck?"

Frau Kleinert wird ruhig und sagt: „Wenn mein Chef in den Raum kommt, werde ich unsicher." Nachdem sie kurz durchgeatmet hat, fährt sie zögernd fort: „Herr Osthus, manchmal habe ich das Gefühl, dass ich meinem Chef einfach nicht genüge. Egal was ich mache und wie sehr ich mich einsetze, er hat immer etwas zu kritisieren, er findet immer noch das Haar in der Suppe. Ich glaube, er traut mir die neue Aufgabe gar nicht zu."

Spontan nehme ich eine Geschichte auf, um ihr eine Tür zu öffnen.

„Frau Kleinert, ich möchte Ihnen etwas erzählen: Vor einigen Jahren habe ich mich auch kurzfristig in einen neuen Bereich einarbeiten müssen. Ich sollte ein neues Projekt leiten statt eines Kollegen. Wissen Sie, ich dachte damals, dass wäre nur harte Arbeit und ansonsten alles ganz einfach. Ich arbeite mich in die Materie ein und mein Kollege hilft mir, wenn ich Fragen habe. Wenige Monate vorher hatte mir mein Kollege bereits signalisiert, dass er es satt habe, dass alles an ihm hängt und er die ganze Verantwortung tragen muss. Deshalb dachte ich, es sei gar kein Problem, dass ich nun die Projektleitung für das Projekt übernehmen soll, und er entlastet wird."

Frau Kleinert beugte sich interessiert vor: „Und, Herr Osthus, wie war es dann?"

„Frau Kleinert, ich weiß es noch wie heute, wir saßen in demselben Büro, unsere Schreibtische direkt gegenüber und ich meinte: ‚Thomas, ich bin gefragt worden, das neue Projekt zu übernehmen, du machst diese Projekte doch schon lange, was hältst du davon?' Erst schaute Thomas mich überrascht an, dann lehnte er sich zurück und sagte: ‚Wie kommst du denn darauf, Torsten, das ist nichts für dich!' Dann blickte er mir direkt in die Augen und fuhr fort: ‚Du bist kein Projektleiter, das kannst du nicht. Da bekomme ich ja nur noch mehr Probleme.' Puh, Frau Kleinert, so ein Einstieg war eine echte Motivationsspritze.

Frau Kleinert sah mich an: „Und was haben Sie dann gemacht?"

„Ich habe am Abend mit einem Freund darüber gesprochen. Er glaubte an mich und hat mich ermutigt, weiterzumachen. Ich habe dann den Vorschlag beim nächsten Führungsmeeting angesprochen, wir waren zu viert, und die anderen Kollegen fanden es gut, dass ich die Projektleitung übernehme. Mein Kollege hat dann nach Wochen zugestimmt unter der Bedingung, dass er mich als Coach begleitet, damit nichts schiefgeht. Aber wissen Sie, einen Coach, der mir nichts zutraut, den brauchte ich als Letztes. Ich habe ihm vorgeschlagen, mich bei der Vorbereitung zu unterstützen und beim ersten Kundenworkshop dabei zu sein, aber nur, weil ich keine weiteren Diskussionen mehr wollte.

Ich weiß nicht, wie es Ihnen mit all dem geht. Mir hat man damals einfach nur gesagt ‚Mach du mal' und ‚Du schaffst es sowieso nicht'. Und dann konnte ich schauen, wie ich klarkomme. Meine Konzepte und Vorschläge bekamen immer die Bewertung ‚unzureichend' und ich startete einen neuen Versuch, es ihm recht zu machen. Und ich verrate Ihnen was: Die Konzepte waren am Ende nicht unzureichend, weiß ich heute, sondern einfach nur anders, aber das konnte mein Kollege damals wohl nicht akzeptieren. Für mich war es schwer, mit dieser negativen Rückmeldung umzugehen.

Und dann erlebte ich die heftigste Situation in diesem ersten Kundenworkshop. Ich saß im Meetingraum beim Kunden, um mich herum zehn

Mitarbeiter aus verschiedenen Abteilungen des Kunden und mir direkt gegenüber der Kollege. Und er schüttelte ständig den Kopf, wenn er mich ansah. In der Pause gab er mir obendrein noch den Rat, ich könne so auf keinen Fall weitermachen, der Workshop würde so in die Hose gehen. Ich wurde immer unsicherer. Am Abend des ersten Workshops kam dann mein Team auf mich zu, und ich dachte schon, jetzt kommt der Gnadenstoß. Aber ganz im Gegenteil, mein Team meinte, das wäre super, wie ich den Workshop geführt hätte. Und auf einmal war sie da die Erkenntnis, ich merkte, wie mein innerer Glaube wuchs, es kam gar nicht darauf an, was andere sagten.

Frau Kleinert, ich weiß nicht, wie, aber ich habe die zweieinhalb Tage Workshop dann durchgezogen, mit schlaflosen Nächten, Kopfschmerzen. Der Kunde war am Ende des Workshops begeistert – und ich platt wie eine Flunder."

Jetzt schaue ich sie direkt an: „Frau Kleinert, was haben eigentlich Ihre Kollegen gesagt, als Sie die neue Aufgabe übernommen haben?"

Plötzlich erscheint ein kurzes Lächeln auf ihrem Gesicht. „Meine Kollegen haben sich sehr gefreut und viele meinten, dass ich genau die Richtige für diesen Job wäre, dass das genau meinen Stärken entspricht." Sie schaut erst auf den Boden und lächelt dann: „Herr Osthus, ich habe verstanden, danke."

Das programmierte Scheitern

Das, was zwischen Mara Kleinert und ihrem Vorgesetzten stattgefunden hat, ist die Programmierung des Scheiterns von Mitarbeitern. Wenn ich einem Mitarbeiter Freiheit und Verantwortung gebe, ohne ihn zu begleiten, zu empowern, dann sind bei ihm Stress, Überforderung und schlechte Ergebnisse zu 100 Prozent garantiert, insbesondere dann, wenn das Zutrauen des Chefs fehlt. Das hat rein gar nichts mit dem Können oder der Einstellung der Mitarbeiter zu tun. Selbst die besten haben bei einem solchen Prozess schlechte Karten.

Und dazu kommt ein weiterer Grund, warum Mitarbeiter beim Start schon zum Scheitern verurteilt sind. Loslassen funktioniert genau dann nicht, wenn die Führungskraft das Abgeben von Verantwortung mit Wegdelegieren verwechselt. Wegdelegieren bedeutet dabei konkret zweierlei:

1. Nur loswerden wollen.
2. Ein Ergebnis zu erwarten, ohne den anderen zu befähigen, dieses Ergebnis bringen zu können.

Doch was steckt dahinter? Im Endeffekt meist mangelndes Interesse. Im Fokus des Chefs steht nicht der Mitarbeiter, sondern seine eigene Entlastung.

Typischerweise ist das Wegdelegieren überdies mit einer Atmosphäre der Bedrohung verbunden. Der Mitarbeiter ahnt, dass es knallt, wenn das Ergebnis nicht erbracht wird. Aber nur Druck spüren, ohne Rückhalt zu haben, das ist für den Mitarbeiter schwer auszuhalten.

Wegdelegieren hat nun wirklich nichts mit dem Übertragen von Verantwortung zu tun. Oft aber mit dem eigenen Druck, der eigenen Überforderung. Dem Wunsch, sich Aufgaben vom Hals zu schaffen. Und das ist soweit auch durchaus verständlich. Wessen Schreibtisch ist denn nicht überfüllt?

Ich kann zumindest nicht von mir behaupten, dass mir das Wegdelegieren noch nie passiert wäre. Der Gedanke ist ja auch zu verführerisch, sich so schnell mal Luft und Raum zu verschaffen. Und dann später nur das Ergebnis präsentiert zu bekommen. Das wäre schön. Vorausgesetzt, es würde wirklich funktionieren.

Allerdings führt die Forderung „Das muss jetzt gelöst werden" eben nicht dazu, dass das auch passiert. Im Gegenteil. Das verkürzte Vorgehen, bei dem sich der Vorgesetzte im extremsten Fall nur um Aufgabenvergabe schert, erhöht die Chance enorm, dass er sich genau um diese Aufgaben über kurz oder lang wieder kümmern muss! Doch dann mit mehr Aufwand und Druck. Den frustrierten Mitarbeiter gibt es obendrein. Und wer ist dann schuld an dem Desaster? – Und schon laufen sie ab, die Reflexe, die Reiz-Reaktions-Muster.

> Wenn die Aufgaben zurückkommen, dann ist das verbunden mit mehr Aufwand, Probleme und Zeitdruck. Den frustrierten Mitarbeiter gibt es obendrein – sozusagen frei Haus.

Investition und Ertrag

Gehen wir's vernünftig an: Eine Aufgabe muss verstanden, gewollt und gekonnt werden. Soweit die Theorie. Aber wie klar ist dem Mitarbeiter die Aufgabe, die er übernimmt, hat er dieselben Ergebnisvorstellungen wie die Führungskraft? Was sind die konkreten Erwartungen, die das Unternehmen an den Mitarbeiter hat? Hat dieser die nötigen Informationen und auch das Wissen, die er braucht, um die Ergebnisse zu erreichen? Dafür muss die Rolle des Mitarbeiters geklärt sein. Das ist das A und O.

Ja, Aufgaben zu delegieren, das bedeutet am Anfang definitiv einen Mehraufwand, einen beträchtlichen sogar. Damit ein Mitarbeiter die Führungskraft langfristig entlasten kann, muss der Vorgesetzte am Anfang genau das in den Mitarbeiter investieren, was er sich von ihm erhofft. Zeit, Zeit und nochmal Zeit. Das ist ohne Frage bitter, das ist schwer. Doch nur so kann es funktionieren. Denn eine Ernte zu erwarten, ohne zu säen, ist sicher nicht sehr intelligent. Und trotzdem tun wir es immer mal wieder. Ich weiß nicht, wie es Ihnen geht, mir ist es zumindest nicht nur einmal passiert. Und mit einem erhöhten Zeitaufwand ist es noch lange nicht getan.

Wenn man jemanden schult, ihn mitnimmt, ihm die Abläufe transparent macht, dann spielen je nach Position auch Reisekosten, Hotelkosten und Ähnliches mit. Bei international tätigen Unternehmen wie unserem reden wir schnell von tausenden von Euros, von fünfstelligen Beträgen zum Teil, die hier wieder und wieder fällig werden, wenn der Vorgesetzte nicht allein reist, sondern seinen Mitarbeiter dabei hat. Bei Betrachtung der Gesamtinvestition in die Entwicklung der Mitarbeiter sind diese Summen vielleicht vernachlässigbar. Aber wie oft erlebe ich, dass genau an diesen Kosten gespart wird und Mitarbeiter auf 100-Euro-Ebene Kosten rechtfertigen müssen. Aus meiner Sicht sind das aber keine Kosten, sondern eine Investition in Empowerment und am Ende schnelleren Cashflow.

Diese Investition lohnt sich am Ende – und ermöglicht mehr Freiraum für den eigenen nächsten Schritt als Führungskraft. Wenn ich so vorgehe, erhalte ich schlussendlich einen hervorragenden Mitarbeiter, der selbstständig um die Dinge weiß – der nicht nur nachdenkt, sondern mitdenkt und die Dinge zu Ende denkt, und das ist mit Gold nicht aufzuwiegen. Allerdings: Am Anfang wird er Verluste produzieren. Da brauchen Sie gar keine anderen Hoffnungen zu hegen. Klar, wir kennen das anders, wollen sofort die Bestellung geliefert haben, wir wollen in den Laden gehen und sofort mitnehmen, das ist die Schnelllebigkeit unserer Zeit. Genauso wollen wir sofort Ergebnisse vom Mitarbeiter, aber Mitarbeiterentwicklung ist eine Investition – in Zeit und Geld.

Immer entstehen bei einer Verantwortungsübergabe Reibungsflächen. Es gibt *immer* einen Verlust an Wirkung. Es wird *immer* den Punkt geben, an dem ich als Führungskraft am liebsten eingreifen möchte. Und ich muss es immer aushalten können, wider besseren Wissens nichts zu sagen. Das gehört zum Spiel dazu. Nur so geht Lernen, nur so geht Entwicklung. Denn auch wenn wir der Überzeugung sind, dass wir es besser können – ist es wirklich so? Ist die Art, wie es mein Mitarbeiter macht, nicht einfach nur anders und am Ende vielleicht sogar wirkungsvoller?

Für Führungskräfte ist es deswegen also durchaus angesagt, den Mythos Freiheit, genauer gesagt, die größeren Freiheiten der Mitarbeiter, mit so richtig viel Desillusion anzureichern. Zu Anfang wird manches nicht so klappen, wie Sie es sich vorstellen – doch auf lange Sicht profitieren alle Beteiligten davon.

Nimm zwei!

Ich schätze, sie wurzelt in meiner Kindheit, die Vorstellung von Freiheit als Ritt eines Cowboys durch die Prärie in die Abendsonne. Allein, unabhängig, voller Tatendrang. Frei von Angst und von Befürchtungen. Allerdings habe ich dieses Bild inzwischen überschrieben. Sehe das differenzierter… Und wenn Sie mich also heute fragen, womit ich Freiheit verbinde, dann muss ich sagen: Es ist nicht mehr das Bild des Cowboys, das sich einstellt. Ich verbinde auch nicht das Gefühl der Unbesiegbarkeit damit. Nein, wenn ich Ihnen heute mein Bild von Freiheit zeichnete, dann würden Sie darauf gar nicht viel sehen. Vielleicht einen Berg mit einem Gipfelkreuz, das noch im Nebel liegt.

Freiheit hat viel von einer Fahrt durch den Nebel.
Sie erzeugt Angst und Unsicherheit.

Für mich ist Freiheit nämlich eher ein Prozess, ein persönlicher Entwicklungsweg. Der Weg der Freiheit, der fängt zunächst einmal mit einer Fahrt durch den Nebel an. Sie kriegen also ein Bild mit viel Grau und mit einigen Silhouetten drauf. Ja, es gibt neue Möglichkeiten, aber ich sehe sie noch nicht recht. Ja, ich komme aus meinem gewohnten Umfeld, meiner Komfortzone raus. Aber das bedeutet eben auch Ungewissheit, vielleicht sogar Angst, Sorge, nicht mehr zu genügen. Ja, es gibt neuen Chancen. Dennoch weiß ich nicht, wie es ausgehen wird.

Das klingt nicht so angenehm und verheißungsvoll. Aber es kommt der Realität nun mal deutlich näher.

Gut, aber es gibt auch wirksame Methoden, diese Nebelfahrt für alle Beteiligten mit einem besseren Fundament auszustatten. Wie? Nun, indem ich auf die Fragen der Mitarbeiter keine Antworten liefere.

Richtig: Keine Antwort!

„Was erwartet mein Chef von mir?", „Werde ich ihm genügen?", „Werde ich es überhaupt schaffen?", „Bin ich der Richtige dafür?" – für den Mitarbeiter sind neue Aufgaben mit vielen Unsicherheiten verbunden. Mögen auch noch so viele Chancen an den Aufgaben hängen.

Ihr Job als Führungskraft ist es nun, in dieser Phase Orientierung zu schaffen und Rückhalt zu geben. Sie tun das nicht, indem Sie auf die Fragen der Mitarbeiter warten, um sie dann zu beantworten. Das ist nicht Führung.

Zu wissen, was die richtigen Fragen sind, ist nicht die Aufgabe der Mitarbeiter, sondern Ihre als Führungskraft. Anstatt zu antworten, sollten Sie die Fragen stellen: Fragen, die der Mitarbeiter häufig selbst noch nicht im Blick hat, zumindest nicht, wenn er zum ersten Mal eine Aufgabe übernimmt.

Ich habe viele Führungstechniken kennengelernt. Am Ende war meine Erkenntnis die, dass für den Job der Führungskraft zwei Dinge entscheidend sind:

1. die innere Haltung und
2. die Art der Kommunikation.

Fragen statt sagen ist das Erfolgsgeheimnis bei diesem Vorgehen. Während *sagen statt fragen* den Weg zur Demotivation schafft, macht *fragen statt sagen* möglich zu verstehen, wo der Mitarbeiter steht, was er denkt, das Ergebnis zu definieren, Teilziele und Meilensteine zu klären, Antworten auf das „Was soll herauskommen?" zu finden. Und zwar aus der Sicht des Mitarbeiters und nicht Ihrer, denn ab sofort geht es um seine Aufgabe und nicht mehr um Ihre.

Aber was sind die Stellschrauben, an denen wir uns orientieren können, wenn wir Fragen stellen? Auch hier habe ich nur zwei Antworten gefunden:

1. die Motivation Ihres Mitarbeiters und
2. seine Kompetenz.

Dabei klingt Motivation immer wie etwas Esoterisches. Ist es aber nicht, ganz und gar nicht. Im Gegenteil habe ich in einem Seminar eine Formel gefunden, die es auf den Punkt bringt. Motivation setzt sich zusammen aus Zielen und Selbstvertrauen. Wie soll ein Mitarbeiter motiviert sein, der keine Klarheit über das Ziel hat, darüber, was er genau erreichen soll?

Oder wie soll jemand voll motiviert sein, der nicht das nötige Selbstvertrauen hat, die Aufgabe auch zu lösen?

Nehmen wir das Beispiel Zielklarheit: Für mich hat es sich bewährt, mit Unterfragen nochmals konkreter zu werden, in der Regel läuft es auch wieder auf zwei Themen hinaus:

1. Was haben Sie als Ihre Aufgabe verstanden? Welches Ergebnis soll aus Ihrer Sicht dabei herauskommen?
2. Welche Teilzeile sehen Sie? Wann wollen Sie welches Teilziel erreicht haben?

Und wenn Sie wissen wollen, wie es um das Selbstvertrauen bestellt ist, fragen Sie mal, wie sicher der Mitarbeiter sich ist, dass er sein Ziel auch erreicht. An dieser Stelle kommt häufig die Antwort: „Ja, ich bin mir sicher." Bis dahin alles klassisch. Spannend wird es, wenn Sie den Mitarbeiter fragen, wie sicher er sich ist, und er seine Einschätzung auf einer Skala von 1 bis 10 einordnen soll. Dann kommt fast immer eine Zahl, die deutlich kleiner als 10 ist. Entwicklung findet genau jetzt statt. Wenn Sie nun nämlich beispielsweise fragen: „Was müssen Sie tun, damit aus der 8 eine 10 wird?" Dann kommen die Menschen ins Nachdenken. Und das funktioniert, immer. Der Mitarbeiter schafft sich mit seinen eigenen Antworten Orientierung, Klarheit. Ja, einen Arbeitsplan, eine Strategie.

Für die Führungskraft ist die Zeitinvestition von – sagen wir mal – maximal 15 Minuten angesichts dieses Ergebnisses ziemlich gering, sogar vernachlässigbar. Es kommt wunderbarerweise durch einfaches Fragen viel Ertrag heraus:

→ Das große Ziel ist klar und auf mehrere Teilziele heruntergebrochen.
→ Kontrollpunkte zur Abstimmung sind damit bereits terminiert.
→ Der andere ist gebrieft und auf den Weg gebracht.
→ Die Führungskraft hat Raum gewonnen. Die Gedanken macht sich der Mitarbeiter. Anders als beim Wegdelegieren, fühlt er sich nicht alleingelassen.

Soweit so gut. Nun herrscht mehr Klarheit im Nebel. Weil Meilensteine definiert sind, ist die Freiheit in maßvolle Abschnitte unterteilt. Ein Tappen im Nebel sollte jetzt weitestgehend ausgeschlossen sein. Für die Führungskraft sind die Meilensteine passende Anlässe, mit dem Mitarbeiter wieder ins Gespräch zu kommen. Gegebenenfalls kann sie ihm dann mit weiteren Fragen neue Orientierung geben. Ihm helfen, wieder auf den Weg zurückzukommen.

Die allermeisten Mitarbeiter nehmen Gespräche, die auf diese Weise geführt werden, als ausgesprochen hilfreich wahr. Als Begleitung und Unterstützung. Nicht als lästige Kontrolle. Das schafft auch eine vertrauensvolle Atmosphäre im Unternehmen.

Doch was, wenn Fragen und Begleiten nichts bringen? Die Fahrt durch den Nebel nicht enden will? Und ich meine hier nicht die unwilligen Mitarbeiter, sondern durchaus prinzipiell willige. Sie erinnern sich an solche Fälle? Ja, das ist eine ausgesprochen unangenehme Situation. Gibt es Mitarbeiter, die einfach nicht in der Lage sind, ihren Teil der Verantwortung zu tragen? Oder woran liegt es, wenn es trotz Investitionen und Begleitung einfach nicht klappen mag?

Tausende Arten und noch mehr

Unvermittelt bereue ich es, den Hörer abgehoben zu haben. Es ist eine unangenehme Situation, wenn ein Mitarbeiter vom Kunden übergangen wird. Aber in einem gewissen Sinne verstehe ich es auch.

„Ich würde gerne mit Ihnen über neue Konzepte sprechen. Sie wissen bestimmt, dass wir in verschiedenen Bereichen Change-Management-Prozesse haben. Wir würden gerne unsere Forschungs-IT-Architektur mit Ihnen durchdenken. Also, mit Ihnen persönlich. Sie hatten uns ja damals davon berichtet, dass …"

Tatsächlich war es *damals* so gewesen. Aber das *Damals* lag mehrere Jahre zurück. Das *Damals* meinte den Beginn der Geschäftsbeziehungen. Die ersten Gespräche mit einem neuen Kunden. Ja klar, die habe ich damals noch geführt.

Aber im letzten Jahr hat Herr Unger den Kunden übernommen, doch offensichtlich will die Maukert GmbH ihn nicht als ihren vollen Ansprechpartner sehen. Jedes Mal, wenn das Gespräch mal wieder bei mir rauskommt, verweise ich auf Herrn Unger. Aber es scheint tausend Arten zu geben, wie man mich immer noch als zuständig interpretieren kann.

Ich gehe zu Frank Unger und kläre dies mit ihm. „Herr Unger, bitte gehen Sie auf die Maukert GmbH zu, die möchte mit uns ein Projekt machen."

Vier Wochen später habe ich den Kunden wieder in der Leitung: „Herr Osthus, ich habe mit dem Team gesprochen, wir möchten gerne einen Termin machen."

Ich bin sprachlos und merke, hier stimmt etwas grundsätzlich nicht, warum bin ich schon wieder der Ansprechpartner? Ich sehe, hier muss ich etwas tun, und mache einen Termin mit meinem Mitarbeiter.

Drei Tage später sitze ich mit Herrn Unger im Besprechungsraum und frage: „Wie läuft es bei der Maukert GmbH?" Herr Unger antwortet mir, dass alles in Ordnung sei, trotz der Veränderungen beim Kunden sei unser Geschäft stabil.

Ich sage ihm, dass die Maukert GmbH wieder bei mir angerufen hat, obwohl er doch mit ihnen reden wollte. „Herr Unger, woran liegt es?" Seine Antwort: „Herr Osthus, Sie sind der Chef, die Kunden möchten natürlich am liebsten mit Ihnen reden." In dem Moment denke ich an meinen Hausumbau, da habe ich eigentlich immer nur den Chef gesprochen, wenn es mit dem Mitarbeiter nicht funktioniert hat. Sonst war ich froh, wenn ich den Chef nicht gesehen habe. Diesen Gedanken schiebe ich jedoch beiseite und frage weiter:

„Herr Unger, Sie haben ja davon gesprochen, dass das Geschäft stabil läuft. Ich hatte jetzt schon zweimal einen Anruf aus einem anderen Bereich beim Kunden, der mit uns ein Projekt machen möchte. Mit wem außerhalb der bekannten Bereiche haben Sie bisher gesprochen? Mit wie vielen neuen Leuten von Maukert haben Sie telefoniert?" Die Antwort: „Mit niemandem." Das war also die schmerzhafte Wahrheit.

„Herr Unger, ich möchte Sie ja unterstützen, deshalb stelle ich ja diese Fragen, aber das Telefonat mit der Maukert GmbH lässt mich zweifeln, ob es wirklich jemals gelingen mag …"

Nachdenklich verließ ich die Besprechung, aber mir war klar, dass ich mit einer weiteren Zusammenarbeit weder Frank Unger noch dem Unternehmen einen Gefallen tun würde. Die Aufgabe passte einfach nicht zu seinen Stärken. Er blieb hinter den Erwartungen zurück, obwohl er jetzt schon eineinhalb Jahre im Unternehmen war. Ideen schienen nicht sein Ding zu sein, neue Kundenbeziehungen aufzubauen nicht seine Stärke.

Fünf Monate später in meinem Büro. Das Telefon klingelt. „Frank Unger hier – Maukert GmbH."

Ha! Das Leben hat den besten Humor. Obwohl für uns die Beziehung zwischen Frank Unger und der Maukert GmbH enttäuschend war, war sie in anderer Hinsicht die ideale Verbindung. Zwar war er für den Kunden nie der Account-Manager, den wir uns gewünscht haben. Aber er hatte es geschafft, sich einen Ruf aufzubauen als Experte in der Analyse von Abläufen und Prozessen. Wenn Frank Unger etwas Bestehendes verbessern kann, blüht er auf. Es liegt ihm einfach nicht, etwas Neues zu initiieren. Darum war er bei uns am falschen Ort in der falschen Rolle. Und bei der Maukert GmbH goldrichtig.

„Schön, von Ihnen zu hören, Herr Unger!"

Achtung, zurückrudern! Eingreifen!

Es ist ein ehernes Prinzip für mich, dass ich an Leuten dranbleibe, schließlich haben wir jeden Mitarbeiter eingestellt, wir haben die Verantwortung, sie nach vorne zu bringen. Auch wenn es Umwege gibt, Orientierungsphasen oder sich die Richtung ändert. Das ist zunächst einmal nur eine Grundeinstellung. Bei Frank Unger war das auch so. Wir haben ihn begleitet, um ihm Orientierung zu geben. Doch die Reibungsfläche wollte nicht verschwinden. Soll man ewig warten, bis ein Mitarbeiter die erwartete Leistung bringt? – Klar, Menschen in ihrer persönlichen Entwicklung nach vorne zu bringen ist immer eine Mischung aus Lernen und Ergebnis. Am Anfang mehr Lernen, am Ende dafür umso mehr Ergebnis. Und nicht zu vergessen, auch die Organisation lernt von neuen Mitarbeitern. Und ich habe die Erfahrung gemacht, dass dieses Vorgehen nicht nur effektiv ist, sondern auch den Gewinn verbessert, dem ganzen Unternehmen dient. Aber es gibt natürliche Grenzen, bei denen es immer darum geht, einzugreifen:

Learnings dürfen nicht auf Kosten des Kunden gehen, das bedeutet: eingreifen, bevor das Kind in den Brunnen gefallen ist. Es darf kein wirtschaftlicher Schaden für das Unternehmen entstehen, am Ende geht es in jedem Unternehmen um den Unternehmenszweck, den Kundennutzen, und um eine einzige Zahl, in der sich dies ausdrückt, und die heißt Cashflow, das ist die Daseinsberechtigung eines Unternehmens, mehr nicht.

Und da hilft es auch nicht, den Deckel der Harmonie darüber zu legen. Zweifellos ist es schmerzhaft zu erkennen, wenn ein Mitarbeiter in seiner Entwicklung begrenzt ist. Und wir wollen es zunächst nicht wahrhaben. Oft braucht es Jahre, bis wir es wagen, der Wahrheit ins Auge zu blicken, und noch ein paar weitere Jahre, die entsprechende Konsequenz daraus zu ziehen. Wir neigen dazu, zu hoffen und zu hoffen, merken aber irgendwann, dass wir uns etwas vorgemacht haben. Dann stehen wir da und fragen uns, warum wir nicht schon vorher die Reißleine gezogen haben.

Manchmal ist es einfach so, dass Menschen nicht lernen wollen. Das klingt komisch, alle wollen das schließlich grundsätzlich. Es ist aber wahr, wenn es um die Entwicklung der eigenen Persönlichkeit geht, denn das tut weh und da hört bei manchen der Wille auf. Ein anderer Grund, warum die Zusammenarbeit nicht klappt, können unterschiedliche Wertesysteme sein. Das Wertesystem des Mitarbeiters passt nicht zum Wertesystem des Unternehmens. Ein fundamentaler Punkt. Wir können über vieles diskutieren, vieles verändern, aber eine Sache hat noch nie funktioniert: Werte zu diskutieren.

Wenn eine Fahrt durch den Nebel kein Ende nimmt, dann heißt es irgendwann intervenieren. Bevor das Kind in den Brunnen gefallen ist, bevor sich größere Probleme auftun, geht es darum, zu retten, was zu retten ist. Es gibt Situationen, die sind zu akut und zu brennend, als dass man als Führungskraft warten könnte, bis ein Mitarbeiter ihnen entwicklungstechnisch gewachsen ist. Das ist meine Verantwortung und zwar vollständig, denn ich stehe für das Ergebnis schlussendlich gerade.

Für den Fall, dass ich als Führungskraft Aufgaben an mich reißen muss, gibt es leider kein Patentrezept, ich orientiere mich an den in diesem Buch beschriebenen Prinzipien. Ansonsten ist Führung eine Frage der konkreten Situation, ohne das Gesamtbild zu vergessen. Vor allem aber hängt Führung vom jeweiligen Mitarbeiter ab, von dem, was der Mitarbeiter braucht, das ist übrigens nicht unbedingt, was er will.

Ich glaube, es ist sinnvoll, auch über die vereinbarten Meilensteine hinaus Kontakt zu den Mitarbeitern zu halten. Gesprächsanlässe zu nutzen. Morgens eine Runde durch das Unternehmen zu machen. Die Menschen wahrzunehmen, die Situation wahrzunehmen, die Organisation wahrzunehmen, darauf kommt es an. Und wenn ich als Vorgesetzter mitbekomme, dass etwas schiefläuft, dann warte ich nicht, bis der nächste Meilenstein dran ist. Dann stelle ich meine Fragen an den Mitarbeiter früher. Und es gibt auch Situationen, wo ich überhaupt keine Fragen mehr stelle, sondern schlicht entschlossen handle, Anweisungen gebe und kurzfristig und temporär auf Anweisung und Kontrolle umschalte, einfach weil es in der Situation notwendig ist.

Obwohl es mir eigentlich immer um Verständnis geht, gibt es auch Situationen, da bin ich sauer, ich geb's zu. Dann nämlich, wenn ein Mitarbeiter Fähigkeiten bereits bewiesen hat – und plötzlich in ein davor liegendes Stadium zurückfällt. Dann werde ich unbequem. Es ist nun mal so: Blindes Vertrauen kann sich keine Führungskraft leisten. Kontrolle gehört zur Führung auch dazu: So selten wie möglich, so oft wie nötig.

Der Irrglaube von der Freiheit

Es ist ein Irrglaube zu denken, ich gebe meinen Mitarbeitern Freiheit, mehr Einfluss, größeren Spielraum, mehr Verantwortung und irgendwann kommt ein Ergebnis zurück. Der erste Denkfehler liegt ja schon an dieser Stelle: Auch das Ergebnis muss kontrolliert werden! Ich nenne das gerne „Feedback geben", eine Kernaufgabe als Führungskraft. Jeder Mitarbeiter hat ein Recht darauf. Kein Feedback bedeutet: keine Anerkennung, keine Möglichkeit, etwas zu verändern und zu verbessern.

Kontrolle im rechten Maß ist eine Form des Vertrauens. Klugen Vertrauens. Sie ist nichts Negatives oder Destruktives. Kluges Vertrauen ist, wenn ich den Mitarbeitern die Freiheit für die Entwicklung gebe, aber gleichzeitig im Blick behalte, wie die Entwicklung läuft. Kontrollpunkte, Teilergebnisse und Ergebnisse, das definiert der Mitarbeiter. Ich nehme aber weiterhin wahr, was passiert, und unterstütze gegebenenfalls zwischen den Kontrollpunkten und Teilergebnissen.

Wenn ich als Führungskraft das Projekt Freiheit scheitern lassen will, dann habe ich zum klugen Vertrauen Alternativen: Ich kann gar nicht vertrauen, ich kann blind vertrauen und ich kann misstrauen. Die Geschwister Freiheit und Verantwortung verziehen sich dann auf Nimmerwiedersehen. Wenn ich dagegen will, dass das Projekt Freiheit funktioniert, dann ist das kluge Vertrauen für mich alternativlos. Denn nur beim klugen Vertrauen werden unterstützende Eingriffe mitgedacht.

Vertrauen, Kontrolle, Unterstützung – darüber hinaus spielt auch Selbstverantwortung beim klugen Vertrauen mit hinein. Und damit meine ich die Selbstverantwortung der Führungskraft! Nur ich selbst bin die Stellschraube, an der ich drehen kann. Der entscheidende Punkt ist, immer bei sich selbst zu beginnen: Was ist mein Beitrag zu diesem Prozess? Denn letztendlich kann ich andere nicht in die Verantwortung bringen, wenn ich selbst sie abgebe. Ich lebe dann doch vor, was die anderen auch tun werden: Verantwortung abgeben. Will ich dagegen, dass andere Verantwortung annehmen, dann muss ich selbst als Beispiel vorangehen. Nur ist meine Verantwortung als Führungskraft eine andere als die des Mitarbeiters.

Seit dem unangenehmen Anruf, der mich damals in der Schweiz erreicht hat, ist einige Zeit vergangen. Heute habe ich Antworten auf die Fragen von damals. Und manche fallen ganz anders aus, als ursprünglich gedacht.

Der 30. Februar!

Wann ist der Tag, an dem Mitarbeiter ihre Aufgaben nicht zu 100 Prozent erledigen, sondern – sagen wir einmal – zu 200? Früher habe ich an die 100 Prozent gedacht, hatte die Aufgabe klar vor Augen und hatte häufig natürlich auch ein Bild davon, wie man sie am besten löst.

Es war und ist richtig und wichtig, an die Talente und Fähigkeiten der Menschen zu glauben. Ausnahmen bestätigen die Regel, aber von denen lasse ich mich nicht führen.

Ich bin es, der entscheidet, ob Mitarbeiter, 50, 100 oder 200 Prozent abliefern. Ich bin es, der gute Absichten hat und diese aber vielleicht versemmelt durch falsches Handeln, schlechte Kommunikation oder Führungsfehler. Und es liegt an mir, nicht an den Absichten anzuknüpfen, sondern an den Konsequenzen und der Wirkung meines Handelns.

Wenn wir das nicht bedenken, dann wird der Tag der Freiheit vielleicht immer der 30. Februar bleiben. Aber ich kann ja nichts dafür – die anderen sind ja schuld.

Anstatt mich der Illusion hinzugeben, es gäbe eine Möglichkeit, die lästige Verantwortung einfach an die Mitarbeiter abzugeben, frage ich mich heute lieber: Was kann ich selbst tun, damit mein Mitarbeiter seine neue Aufgabe übernehmen kann?

Kapitel 2

Zutraueritis – Worunter Mitarbei-
ter leiden, wenn Sie sie loslassen

Lukas Baldrich tat in seinem ersten Jahr bei der Osthus GmbH vor allem eines: herausstechen. Und zwar im positiven Sinn.

Vom ersten Tag an fiel er uns als hervorragender Techniker auf. Dann zeigte sich, dass er auch sehr gut mit Menschen umgehen konnte: Mit Kollegen hatte er ein gutes, konstruktives Verhältnis, und selbst bei neuen Kunden schaffte er es schnell, deren Vertrauen zu gewinnen. Er fand bei noch so vertrackten Problemen Lösungen und war der 1a-Kandidat bei der Besetzung der Ansprechpartner-Rolle für anspruchsvolle Projekte. Ja, Lukas Baldrich war ohne Frage ein Ausnahmetalent.

All das sah ich, und so lag mir die Förderung des Mannes am Herzen. Entwicklungsgespräche führten wir immer wieder. Als er aber ein Jahr im Unternehmen war, wollte ich mehr über seine Ambitionen erfahren. Und auch da überragte er die anderen.

Auf Fragen wie „Wo sehen Sie sich in fünf Jahren?" bekomme ich von Mitarbeitern häufig holprige Antworten. Oft auch nur Schweigen. So klar wie Lukas Baldrich hatte mir bis dahin auf jeden Fall noch kein Mitarbeiter seine Vorstellungen geschildert.

„In fünf Jahren bin ich Leiter eines Teams von 15 bis 20 Leuten." Und das sagte er mir mit offenem Blick, entspannter Körperhaltung, einer ruhigen und festen Stimme.

Respekt. Da saß jemand vor mir, der ganz genau wusste, wohin die Reise geht.

Ich kann mich noch sehr genau an diesen Moment erinnern. Denn er steht in absolutem Gegensatz zu Lukas jetziger Verfassung. Heute, einenhalb Jahre später, ist sein Drang nach vorne verflogen.

Lukas Baldrich sitzt wieder in meinem Büro, sieht aber aus wie ein anderer Mensch. Die Haltung gebeugt, die Stimme ohne Ausdruck, und von der Energie aus unserem Gespräch von vor anderthalb Jahren ist so gut wie nichts mehr übrig.

An der fehlenden Herausforderung liegt es sicherlich nicht. Kurze Zeit nach unserem Gespräch habe ich ihm Personalverantwortung für ein kleines Team übertragen und ihn auf ein Wirkungsseminar geschickt. Die Trainerin war auch beeindruckt. Und zu Beginn war er noch beflügelt davon, dass ich an ihn und seine Fähigkeiten glaubte. Doch der damalige Elan flackert heute höchstens als betriebsame Hektik auf. Ein durchdachtes strategisches Vorgehen ist bei Lukas nicht mehr zu sehen. So trudelten schon nach einigen Wochen die ersten Beschwerden vom Team ein, und kaum dass ich mich umsehen konnte, entwickelte sich Lukas Baldrich vom Überflieger zum Problemfall.

Sein Abteilungsleiter hielt ihn für überfordert und traute ihm kein bisschen mehr Verantwortung zu. Und weil ich immer noch nicht verstand, wie das passieren konnte, bot ich an, ihn zu coachen.

Jetzt steht er also wieder vor mir, die Schultern nach vorne, der Blick gesenkt. Was den Umgang mit seinen Mitarbeitern betrifft, ist er keinen Schritt weitergekommen seit unserem letzten Gespräch. Im Gegenteil, seine Bemühungen scheinen den Zustand nur zu verschlechtern.

Traurig. Einfach nur traurig. Und was noch viel trauriger ist, er selbst ist von sich enttäuscht. Das war das Schlimmste, was passieren konnte: Selbstvertrauen auf dem Niveau von Minus Null. Es ist erschütternd, wenn Mitarbeiter einsehen müssen, dass sie es nicht geschafft haben. Dann fangen Menschen nämlich an, sich zu schämen.

Wo sind nur das Engagement und die Leidenschaft von Lukas Baldrich geblieben?

Das Scheitern programmieren

Wenn Mitarbeiter derart hinter den Erwartungen bleiben, liegt die Vermutung nahe: Das ist ein Schwätzer! Ein Blender! Jemand, der sich nur gut verkaufen kann – aber wenig Substanz hat. Jemand, der sich ganz viel zutraut und groß Verantwortung übernehmen möchte, aber in dem Moment, wo er die Freiheit dazu bekommt, zugeben muss, dass er nicht damit umgehen kann.

Natürlich kann es sein, dass solche Höhenflüge aus der Situation entstehen. Aufmerksamkeit und Interesse gekoppelt mit einem positiven Feedback von Chefseite führen bei bestimmten Mitarbeitern zur Selbstüberschätzung. Gerade Menschen, die sich nach Anerkennung sehnen und diese selten erhalten, können ein Lob nicht immer realistisch einordnen.

Doch bei Mitarbeitern, die bewiesen haben, dass sie sehr wohl Substanz, Talente und besondere Fähigkeiten haben und dass sie grundsätzlich durchaus in der Lage sind, Leistung zu erbringen, kann von Blendertum und Selbstüberschätzung nicht die Rede sein. Nein, wenn sie ihre Aufgaben nicht bewältigen können, dann hat das Gründe, die nicht allein bei ihnen liegen.

Die Geschichte von Lukas Baldrich ist eine Saga des Scheiterns. Doch es ist nicht Lukas' Scheitern, sondern in erster Linie meines. Und ich meine das nicht nur auf diesen konkreten Fall bezogen, sondern ganz allgemein. Wenn ein Mitarbeiter scheitert, dann ist eigentlich sein Chef gescheitert!

Ja, der Chef hat Mist gebaut. Bei der Wahl des Mitarbeiters für die Aufgabe. Beim Delegieren. Beim Briefing. Beim Rückversichern, ob die Aufgabe richtig verstanden wurde. Bei der Einschätzung der Entwicklungsfähigkeit des Mitarbeiters. Oder bei der praktischen Unterstützung, die er dem Mitarbeiter für seine Entwicklung gibt oder nicht gibt.

> Wenn ein Mitarbeiter scheitert, dann ist eigentlich sein Chef gescheitert.

Damit möchte ich nicht sagen, dass ein Chef seine Mitarbeiter zum Jagen tragen soll. Das soll er nicht und das kann er auch nicht! Doch er trägt immer die Verantwortung für deren Ergebnis. Das wissen wir alle, das bestätigt jeder, aber wer handelt danach? Fangen wir nicht auch an, wenn Fehler passieren, dem Mitarbeiter zu berichten, was er hätte anders, besser machen können? Ihm vielleicht sogar die Fehler vorzuwerfen? Welche Führungskraft denkt, wenn es knallt: Welchen Fehler habe ich in der Führung gemacht und was muss ich verbessern, dass der Mitarbeiter die Aufgabe schaffen kann?

Bezogen auf Mitarbeiter-Entwicklung und -Empowerment bedeutet das: Wenn ein Chef zu früh oder abrupt loslässt, wenn er seinen Mitarbeitern eine Aufgabe übergibt, für die sie noch nicht bereit sind, und den Grad an benötigter Unterstützung unterschätzen, dann ist ein Effekt gewiss (und selbstgemacht!): Die Mitarbeiter werden leiden.

Woran? An der Zutraueritis.

Also an der Krankheit, die sich einstellt, wenn ein Chef seinem Mitarbeiter weit mehr zutraut, als er in der Lage ist zu bewältigen, und dann auch nicht eng genug führt. Statt in der Persönlichkeit zu wachsen, statt fähiger, kompetenter und stärker zu werden, verliert der Mitarbeiter an Selbstvertrauen und Stärke. Selbstbewusstsein kann ich mir im Kopf erarbeiten, aber Selbstvertrauen entsteht durch sichtbare Ergebnisse. Wenn diese jedoch ausbleiben …

• •

Zutraueritis: Das ist die Krankheit, an der ein Mitarbeiter leidet, dem der Chef mehr zutraut, als er in der Lage ist, zu bewältigen.

• •

Vorher engagiert, nachher frustriert: Das ist der Gefühlswandel, der dem Mitarbeiter droht, der zum Opfer der Zutraueritis wird. Das Problem: Die Krankheit bleibt nicht ohne Nebenwirkungen.

Risiken und Nebenwirkungen

Mitarbeiter, denen der Chef etwas zutraut, sind erstmal so gut wie immer beflügelt. Sie fühlen sich gesehen, anerkannt, wertgeschätzt. Manche sehen in der Geste sogar ein indirektes Lob. Eine Art Belohnung für ihre bisherige Leistung. Auf jeden Fall wachsen das Selbstwertgefühl und das Selbstvertrauen, wenn der Chef mit einem Sonderauftrag kommt und zeigt, dass er an den Mitarbeiter glaubt. Nach dem Motto: „Ich habe da einen kniffligen Fall. Für die Lösung habe ich an Sie gedacht."

Doch was sich zu Beginn noch wie ein Bonbon anfühlt, kann schnell zu einem Klotz am Bein werden. Wenn der Mitarbeiter sich auf unbekanntem Terrain bewegt, wird er unweigerlich an Stellen kommen, wo er nicht mehr alles im Griff hat. Dann stellen sich entscheidende Fragen: Wie geht er damit um? Wie können wir ihn als Führungskräfte unterstützen? Vielleicht hat er nicht genug Selbstvertrauen, um einen Kollegen oder den Chef um Rat zu fragen oder um Unterstützung zu bitten. Oder er will den Chef nicht enttäuschen, der ja fest an ihn glaubt, oder er will vielleicht einfach nur beweisen, was er „drauf hat". Jetzt kann ein Negativkreislauf in Gang kommen: Der Mitarbeiter kapselt sich ab und versucht mit der Aufgabe i-r-g-e-n-d-w-i-e klarzukommen. Hauptsache, keiner merkt, wie überfordert er ist. Denn hey! Der Chef hat ihm das zugetraut. Soll er jetzt beweisen, dass er doch noch nicht soweit ist? Soll er seinen Chef enttäuschen? Soll er seine Karriere aufs Spiel setzen? Natürlich nicht! Lieber also vor sich hin wurschteln und gucken, wie er möglichst unbeschädigt aus der Nummer rauskommt. Nach außen ist ja alles gut – noch …

Wozu das führt, können Sie sich denken.

Nach einer Weile merkt der Mitarbeiter, dass der Abstand zwischen Anspruch und Wirklichkeit immer größer wird, und irgendwie fühlt er sich alleingelassen. Er hat den Eindruck, niemand interessiere sich für ihn. Und das stimmt auch gewissermaßen: Dadurch, dass ich als Chef voraussetze, dass der Mitarbeiter schon kommen wird, wenn es etwas zu klären oder Probleme gibt, entsteht ein Vakuum. Wenn der Chef es nämlich „richtig" macht und wirklich Verantwortung abgibt, dann gibt es im Unternehmen keine Bringschuld, sondern eine Holschuld für Informationen, Fragen oder Probleme. Das klingt ja erst einmal ganz einfach, setzt aber voraus, dass beide Seiten ein Bewusstsein dafür haben. Als Chef mache ich da schon den ersten Führungsfehler, wenn ich von mir und nicht vom Bewusstsein, der Differenzierungsfähigkeit des Mitarbeiters ausgehe. Dabei ist das von Mensch zu Mensch und je nach Entwicklung und Kompetenz unterschiedlich. Der eine kommt von alleine, auf den anderen muss ich zugehen. Tue ich dies nicht, wirkt das auf einen verunsicherten Mitarbeiter beängstigend: „Niemand kümmert sich um mich!"

Je länger dieser Zustand andauert, desto unwohler wird es ihm. Der Mitarbeiter läuft mit der Sorge herum, die Erwartungen des Chefs nicht zu erfüllen, ihn zu enttäuschen, ja: nicht genügen zu können. Bis hin zu dem Bewusstsein: „Ich kann eigentlich nur versagen." Oder: „Was ich hier mache, kann bestenfalls Mittelmaß werden."

Die Option, mit dem Chef in eine offene und ehrliche Diskussion zu gehen, kommt für den Mitarbeiter zu diesem Zeitpunkt nicht mehr in Frage. Denn jegliches Gespräch wäre aus seiner Sicht lediglich ein Beweis seiner Unzulänglichkeit, verbunden mit der Frage: Warum erst jetzt? Das führt nicht nur dazu, dass der Mitarbeiter noch weiter vereinsamt, sondern es schädigt auch sein Selbstvertrauen und bringt die Beziehung zum Chef auf ein deutlich niedrigeres Vertrauensniveau als bisher. Vor allem aber werden solche Mitarbeiter defensiv und weniger risikofreudig. Die bisherige Sicherheit ist weg, also versuchen sie sie wiederherzustellen, indem sie die Verantwortung, die sie jetzt erhalten haben, wie eine heiße Kartoffel anfassen. Der Fokus liegt auf Fehlervermeidung, nicht darauf, Dinge voranzutreiben – auf die Gefahr hin, das Späne fallen, wo gehobelt wird.

Das Selbstvertrauen wird sogar nachhaltig beschädigt, wenn der Mitarbeiter in seiner Unfähigkeit, sich unterstützen zu lassen, einen Misserfolg nach dem anderen einfährt. Dann bleibt es nicht bei seiner Zurückhaltung, dann sind es auch die Tatsachen, die belegen, dass er „nicht gut genug" ist.

Diese Rückzugstendenz kann bis zur inneren Kündigung führen. Schlimmstenfalls wird der Mitarbeiter sogar aktiv destruktiv: Wenn er die Schuld für seinen „Abstieg" beim Chef sieht, das offene Gespräch meidet, und sich stattdessen Ratgeber sucht, die gegen das Unternehmen und die Führungsebene Stimmung machen. Wenn er anfängt, gegen den Chef zu reden, dann ist eine echte Kampfsituation erreicht. Dann beginnen die Kakerlakentreffen, bei denen andere über andere reden. Statt wirkungsvoll zusammenzuarbeiten, werden Positionen verteidigt. Die Sicht auf sich selbst geht dabei vollständig verloren.

Aber zurück zur Wurzel, wer war der Auslöser? Der Chef! Weil er dem Mitarbeiter erstens mehr zugetraut hat, als der zu diesem Zeitpunkt stemmen konnte. Und weil er ihn zweitens auf dem Weg der Entwicklung zu wenig begleitet hat.

Das war auch die Entwicklung bei Lukas Baldrich. Stets und ständig wurde er mit seinem Unvermögen konfrontiert. In seiner neuen Rolle sammelte er statt Erfolgserlebnissen eher Misserfolge ein. Und das, weil er nicht einmal einen Bruchteil des nötigen Selbstvertrauens und Könnens hatte, das für Leadership notwendig ist. Alleine um einen kurzen Workshop mit dem Team zu halten, musste er seinen ganzen Mut sammeln. Ein 15- bis 20-köpfiges Team zu leiten? Das war keine Vision, das war eine Illusion, und zwar meine eigene!

Eine Illusion, auf die ich mich eingelassen habe, weil ich sein Wollen und sein Talent in der Projektarbeit gesehen habe, und das in Gedanken auf die Mitarbeiterführung projiziert habe. Dass seine Kompetenz in Sachen Führung aber Universen vom benötigten Niveau entfernt ist, das hatte ich schlicht nicht wahrgenommen, schließlich hatte es in den Projekten ja sehr gut geklappt. Ich hatte es auch nicht überprüft. Zu sehr war ich beflügelt von dem Gedanken, diesen Rohdiamanten zu schleifen … Dabei wäre es meine Aufgabe gewesen, sein Entwicklungspotenzial realistisch einzuschätzen und ihn genau vor den für ihn passenden nächsten Schritt zu setzen.

Leider, leider, klaffen manchmal Absicht und Wirkung auseinander. Ganz konkret sieht es so aus:

Der Chef möchte seine Leute:

➜ ermächtigen, über sich selbst hinauszuwachsen,
➜ ihnen Freiräume und mehr Verantwortung geben,
➜ zeigen, dass er an die Mitarbeiter glaubt,
➜ sie fordern und fördern, um exzellente Ergebnisse zu erzeugen,
➜ eine Kultur ermöglichen, in der offenes Feedback zu Verbesserungen und nicht zu Vorwürfen führt.

Deshalb gibt er so viel Verantwortung, wie er kann, an seine Mitarbeiter. Denn er will kein Team von Schafen, eine Mannschaft von Unselbstständigen, die an seinem Rockzipfel hängen.

Soweit so löblich. Und wie kommt das bei den Mitarbeitern an?

Natürlich unterschiedlich. Bei den gebrannten Kindern jedoch, denen der Chef fälschlicherweise zu viel zutraut, gar nicht gut. Die Schritte zur Ermächtigung können sie sogar als Ausbeutungsversuch auslegen.

→ „Der will nur seinen Mist bei mir abladen."
→ „Aufgaben, auf die keiner Bock hat, bekomme ich. Natürlich gut verkauft …"
→ „Der sucht nur jemanden, der ihm dieses leidige Projekt vom Hals schafft."
→ „Wie ich damit zurechtkomme, interessiert keinen."

Der Chef ist von besten Absichten erfüllt, denkt an die Entwicklung seiner Mitarbeiter und stellt sich ganz in den Dienst des persönlichen Wachstums – doch beim Mitarbeiter kommt das an wie eine Ohrfeige. Und der Effekt bei ihm ist nicht Wachstum, sondern Stagnation. Schlimmstenfalls sogar ein Schrumpfen.

Doch bevor es soweit kommt, ließe sich eingreifen. Vorausgesetzt, der Chef erkennt, dass der Mitarbeiter in die Zutraueritis schlittert.

Die Symptome der Zutraueritis

Wenn Mitarbeiter überfordert sind, dann lässt sich dieser Zustand gut von außen erkennen; an ihrem Verhalten und an der Sprache. Sie müssen nur aufmerksam beobachten, Signale wahrnehmen und diese miteinander in Verbindung setzen. Denn Mitarbeiter, die mit ihren Aufgaben nicht klarkommen, werden es selten zugeben. Vielmehr werden sie …

→ Aufgaben aufschieben,
→ Ausreden finden, warum sie einen Task noch auf keinen Fall erledigen konnten,
→ Aufgaben weiterdelegieren,
→ versuchen, Aufgaben zurück zu delegieren,
→ nervös, unruhig oder sogar aggressiv werden.

Idealerweise erkennen Sie bereits an dieser Stelle, dass Sie dem Mitarbeiter mehr zugetraut haben, als er – Stand heute – stemmen kann. Aber dann stellt sich immer noch die Frage: Was tun? Den Auftrag zurücknehmen? Die Mitarbeiter grundsätzlich schonen? Sie niemals vor Herausforderungen stellen? Das kann es doch auch nicht sein!

Vollkommen richtig. Das meine ich auch nicht.

Die spannende Frage ist hier natürlich: Wie weit kann die Führungskraft gehen beim Fordern der Mitarbeiter? Denn das Ziel ist weder, das Schonprogramm zu fahren und den Mitarbeitern die To-dos mundgerecht zurechtzuschneiden, noch das Überforderungsprogramm. Sondern genau das richtige Maß an Fordern und Fördern zu finden. Dieses zu bestimmen ist alles andere als trivial. Denn der Unterschied zwischen einem Mitarbeiter, der zur Höchstform aufläuft, weil er genau im richtigen Maße und auf die richtige Art gefordert wird, und einem Mitarbeiter, der kein Land mehr sieht und dessen Selbstvertrauen den Bach runtergeht, weil er einen Misserfolg nach dem nächsten erntet, ist oft ein sehr schmaler Grat in der Führung. Es geht darum, sich gut zu überlegen, wie oft und wie lange Ihr Mitarbeiter in der Komfortzone, in der Forderungszone und in der Überforderungszone bleiben kann und sollte.

Drei Zonen

Die Unterscheidung zwischen Komfort-, Forderungs- und Überforderungszone ist wohl bekannt. Zu Recht, denn sie hilft zu verstehen, wo der Mensch in seiner Entwicklung gerade steht – und zeigt vor allem, dass Entwicklung selten mit angenehmen Gefühlen einhergeht.

In der *Komfortzone* befindet sich ein Mitarbeiter, wenn er die Abläufe eines Projekts wie seine Westentasche kennt. Er erledigt seine Aufgaben souverän aus dem Effeff. Anlässe zum Scheitern? Gibt es kaum. Aber es gibt eben auch kaum Anlässe zur Entwicklung. Die Herausforderungen sind entweder zu klein oder zu dünn gesät. Wachstum in der Persönlichkeit findet hier nicht statt.

Da sieht es in der *Forderungszone* schon anders aus. In die gerät der Mitarbeiter, wenn er neue Aufgaben übernimmt, bei denen er sich alles andere als sicher fühlt. Oder Aufgaben, für die er das nötige Talent hat, aber noch nicht die Übung. Die Sicherheit eines Profis, die ihn bei seinen angestammten Aufgaben begleitet, hat er auf diesem Gebiet selbstverständlich nicht. Er hat aber das nötige Selbstvertrauen und bekommt das richtige Maß an Zutrauen. Er begeht auch mal Fehler, hat auch mal Misserfolge und wirkt bisweilen sogar wie ein Anfänger. Deshalb sind die Gefühle in der Forderungszone gemischt. Wenn etwas Neues gelingt, ist der Mitarbeiter beflügelt. Wenn ihm etwas misslingt, ist es reichlich unangenehm. Denn eigentlich ist er ja Profi! Auf jeden Fall ist es in der Forderungszone spannend, interessant und voller Überraschungen (sprich: voll von Risiken, aber auch von Chancen).

Das Gefühl des Profiseins ist wiederum in der *Überforderungszone* fast gar nicht mehr vorhanden. Hier ist die Lücke zwischen dem, was der Mitarbeiter kann, und dem, was er zur Aufgabenbewältigung braucht, gefühlt zu groß, als dass er sie überbrücken könnte – selbst mit Unterstützung, das Selbstvertrauen konvergiert gegen Null. Der überforderte Mitarbeiter erlebt Niederlage um Niederlage und ist schließlich erschöpft und demotiviert. Von Komfort und Bequemlichkeit ist keine einzige Spur übrig. Nicht einmal von Zuversicht, Hoffnung oder Glaube an die eigenen Fähigkeiten. Dies ist der Bereich, der sich destruktiv aufs Selbstvertrauen auswirkt.

Überforderung ist eine Erfahrung, die den Mitarbeiter in seiner Entwicklung mittel- und langfristig zurückwirft und hemmt – wogegen ihn der Forderungsbereich mittel- und langfristig voranbringt. Die Schwierigkeit für den Chef ist nur: Der Grat zwischen den beiden Zonen ist extrem schmal. Von außen ist nämlich kaum erkennbar, ob der Mitarbeiter an einer Herausforderung knabbert oder schon an der Überforderung verzweifelt.

Kurzfristig ist das Befinden in beiden Zonen nämlich von Druck und Angst geprägt. Angst davor, nicht zu genügen, es nicht zu schaffen, zu versagen. Deswegen ist eben auch nicht jeder Mitarbeiter, der über Forderung klagt, auch tatsächlich überfordert. Manche entwickeln sich einfach nur gerade. Umgekehrt ist ein Mitarbeiter, der angibt, alles im Griff zu haben, nicht unbedingt Herr der Lage. Je ehrgeiziger der Mitarbeiter und je größer die Machtdistanz, desto weniger wird er eine Überforderung zugeben.

• •

Überforderung wirft den Mitarbeiter in seiner Entwicklung zurück.
Forderung bringt ihn in seiner Entwicklung voran. Der einzige Haken:
Der Grat zwischen den beiden ist extrem schmal.

• •

Zwischen gefühlter Kompetenz und tatsächlicher Kompetenz klafft bei vielen Mitarbeitern eine Lücke. Mit anderen Worten: Die wenigsten Mitarbeiter sind sich ihrer Fähigkeiten wirklich bewusst und können ihr Potenzial realistisch einschätzen. Manche machen sich tendenziell kleiner als sie sind, andere überhöhen sich regelmäßig.

Ein Mitarbeiter, dem ich ziemlich viel zugetraut habe und der oft genug im Nebel stand, nicht wusste, wohin, sagte mir nach vielen Jahren der Zusammenarbeit: „Herr Osthus, Sie haben mir Türen aufgemacht, durch die ich nicht glaubte, durchgehen zu können. Ich hatte selber nicht die Idee, dass ich es kann. Aber Sie haben an mich geglaubt. Und es hat geklappt!"

Dieser Mitarbeiter ist heute um Längen größer, stärker und fähiger als zu Beginn unserer Zusammenarbeit. Aber auf dem Weg der Veränderung, da hat er auch mächtig gelitten, Momente erlebt, wo er alles hinschmeißen wollte …

Krankheitserreger

Die Zutraueritis hat einen eindeutigen Erreger: Der Chef geht beim Übertragen der Verantwortung von dem aus, was er will, statt von dem, was der Mitarbeiter leisten kann. Stellen Sie sich vor, der Trainer von Bayern München hat einen Super-Stürmer, der ständig Tore schießt. Nun braucht er einen Mannschaftskapitän, und da der Stürmer der beste Mann ist, ernennt er ihn zum Spielführer. Würden Sie das für sinnvoll halten?

Der Mechanismus dahinter: Sie vertrauen zwar dem Menschen, konzentrieren sich aber nicht auf seine Talente. So gesehen schenken Sie das Vertrauen gar nicht dem Hans, dem Jürgen oder der Roswitha. Vielmehr haben Sie ein blindes Vertrauen, das Sie praktisch jedem Mitarbeiter entgegenbringen. Doch beim Thema Mitarbeiterentwicklung reicht das nicht. Hierfür brauchen Sie das Zutrauen, den festen Glauben, dass just dieser Mitarbeiter genau diese anstehende Aufgabe erledigen und sich dabei qualifizieren kann.

Der Führungsfehler, der die Zutraueritis auslöst: Auszugehen von dem, was Sie wollen, statt von dem, was der Mitarbeiter leisten kann.

Es geht also nicht darum, Vertrauen mit der Gießkanne zu verteilen, in der Hoffnung, dass auf dem Feld irgendetwas wächst. Sondern es geht darum, das Feld und die Samen einzuschätzen, um zu ermitteln, ob die Pflanze auf diesem Boden gedeihen könnte. Schließlich braucht jede Pflanze ihre eigene Pflege. So gesehen benötigen Sie, um Zutrauen zu haben, auch viel Klarheit. Eine nüchterne Betrachtung des Mitarbeiters und der Aufgabe. Dass dabei Ihre Erfahrung und Ihre Menschenkenntnis eine tragende Rolle spielen, ist selbstverständlich.

Wenn Sie aber tatsächlich von Ihren Zielen und Wünschen ausgehen, wenn Sie einen Mitarbeiter auf eine neue Stufe heben möchten, und nicht von seinen Fähigkeiten und Talenten, dann setzen Sie ihn sehr wahrscheinlich arg unter Druck. Denn der Mitarbeiter spürt dann nur die Erwartung, die auf seinen Schultern lastet, nicht aber Ihren Glauben, dass er es schafft. Er spürt Druck, aber keine Unterstützung.

Unterstützung spürt er dann, wenn er versteht, dass die neue Aufgabe zwar eine Herausforderung ist, aber dass diese so zugeschnitten ist, dass sie für ihn zu bewältigen ist.

Und das bedeutet nicht, dass Ihr Mitarbeiter selbst daran glauben muss, dass er es kann! Wenn Sie daran glauben, und ihm das klar und glaubhaft vermitteln – und wenn Sie ihm dabei auch klarmachen, dass Fehler normal und erlaubt sind –, dann wird er höchstwahrscheinlich gerne bereit sein, die Herausforderung anzunehmen. Und mit Ihnen im Gespräch bleiben statt sich bei der ersten Schwierigkeit zu verstecken.

Denn eines habe ich gelernt in den Jahren, in denen ich mein Unternehmen führe. Ein Mitarbeiter denkt zu wissen, was er kann und braucht. Aber er weiß es nicht immer. Er weiß nur, was er will, oder manchmal auch nur, was er nicht will. Deshalb ist der Entwicklungsweg nicht immer einfach.

Machen Sie sich also bewusst: Sie können sich für das Wachstum Ihrer Mitarbeiter mit Inbrunst einsetzen. Sie werden trotzdem nicht immer ein „Danke" hören. Und Sie werden immer wieder anstrengende Momente erleben. Denn wenn Sie anfangen, Mitarbeiter aus der Komfortzone zu holen, dann sind diese kaum glücklich ob der Entwicklung. Sie blicken Ihnen vielmehr mit langen Gesichtern entgegen.

Menschen sind Gewohnheitstiere und wenn Ihre Mitarbeiter das Feld des erprobten Tuns verlassen, dankt ihnen das ihr Gehirn nicht unvermittelt mit positiven Gefühlen. Das hat die Natur so eingerichtet, und es gibt durchaus plausible Gründe dafür.

Mit unangenehmen Gefühlen schafft das Gehirn eine Hürde: Es will nämlich, dass der Mensch sich nur aus gewichtigen Gründen in gefährliches Gebiet begibt. Für unsere Ur-Ur-Ur-Ahnen war es durchaus sinnvoll, sich nicht einfach so in den Dschungel zu wagen, sondern nur dann, wenn Jagd und Nahrungsmittelsuche anstanden – und auch dann nur mit der Machete bewaffnet. Wie das Gehirn den Menschen zu diesem vorsichtigen Verhalten bringt? Indem es Angstgefühle produziert.

Angst lähmt vor unbedachtem Verhalten. Dieser Mechanismus wirkt auch heute noch – unter anderem, wenn es um unbekannte Arbeitsaufgaben geht. Das Gehirn will uns auch hier vor Unwägbarkeiten schützen. Es denkt etwas altmodisch und sieht weder die Machete bereitstehen noch die Nahrungsmittel zu Ende gehen – daher bremsen Menschen manchmal ab und lassen großartige Chancen vorüberziehen. Und so bekommen Sie als Führungskraft eben manchmal von den talentiertesten Mitarbeitern eine Abfuhr, obwohl diese fraglos für die Aufgabe geeignet wären.

Bei welchem Grad der Herausforderung es einem Mitarbeiter unangenehm wird, ist hoch individuell. Den einen ängstigt es schon bis ins Mark, wenn er nur einen neuen Kunden zusätzlich betreuen soll. Ein anderer wird erst unruhig, wenn ihm plötzlich die Verantwortung für einen Bereich übertragen wird. Dann spielt auch die aktuelle Lebenssituation mit hinein. Ein frisch gebackener Familienvater kann seine neue Verantwortung schon mal so interpretieren, dass er nun als Familienversorger für mehr Ressourcen sorgen muss. Vorankommen ist plötzlich ein akutes Thema geworden.

Aber über diese individuellen Unterschiede hinweg gibt es drei Punkte, die ganz allgemein entscheidend sind, ob ein Mitarbeiter die Angst vor dem Unbekannten überwindet oder ob er sich für die Komfortzone entscheidet:

➜ der Wunsch nach Entwicklung,
➜ das Maß an Selbstvertrauen
➜ und das Zutrauen, das Sie ihm geben.

Denn grundsätzlich wollen Mitarbeiter immer wachsen und weiterkommen. Sie wollen besser werden, sie wollen langfristig einen Job haben, bei dem sie ihre Talente entfalten können. Wenn es sich für sie lohnt, dann verlassen sie gern die Komfortzone.

• •

Mitarbeiter wollen immer persönlich weiterkommen. Können sie die Wachstumsperspektive aber nicht sehen, sinkt die Motivation zur Veränderung.

• •

Führungskräfte, die die persönlichen Interessen berücksichtigen und dies auch in der Kommunikation klarmachen, stoßen bei ihren Mitarbeitern auf viel offenere Ohren, wenn es darum geht, Unangenehmes in Kauf zu nehmen. Führungskräfte, die allerdings neue Aufgaben so weitergeben, als liege die Erweiterung des Aufgabenspektrums lediglich im Interesse des Chefs, befeuern das Scheitern von Entwicklungsprozessen. Entweder, weil die Mitarbeiter sich gar nicht erst darauf einlassen, oder weil sie mit zu geringer Motivation dabei sind. Das Gefühl, dass der Chef nur Ballast abwerfen und Dinge wegdelegieren will, beflügelt definitiv nicht. Wer sieht sich schon gerne als Abladeplatz für ungeliebte Aufgaben?

Mit Sicherheit haben Sie das nicht vor. Doch manch gut gemeinter Empowerment-Versuch kann bei den Mitarbeitern völlig falsch ankommen. Das ist keine Frage der Absichten, sondern der Wirkung. Ihre Leute können Sie allein mit Ihrer Wortwahl unter Druck setzen – ohne es auch nur zu merken. Mir zumindest passiert das immer mal wieder. Stellen Sie sich vor, Sie fragen: „Was haben Sie da gemacht?" Dieser Satz kann alleine durch Ihre Haltung und Ihre Betonung völlig unterschiedlich wirken. Fragen Sie stattdessen: „Welche Überlegungen haben Sie dazu gebracht, es so zu machen?" Dann zeigen Sie Interesse, aber auch hier hängt es von Ihrer Haltung ab, wie es ankommt. Oder Ihnen rutschen Sätze heraus wie: „Das habe ich dir doch schon gesagt!" oder „Wie oft müssen wir darüber noch sprechen?".

Gut gemeint, aber mit der gegenteiligen Wirkung als gewollt, sind klassische Motivationsparolen wie:
→ „Das schaffen Sie doch …"
→ „Wer soll das können, wenn nicht Sie?"

Solche Sprüche vermitteln eine unglaublich hohe Erwartung, weil sie die Unsicherheit – die der Mitarbeiter ja spürt – wegfegen und nicht thematisieren. Sie stellen den Mitarbeiter als Könner dar, obwohl er es in der neuen Rolle überhaupt nicht ist.

Ebenfalls wirkungslos sind Delegationsgespräche, in denen Sie die Aufgabe gründlich erklären, der Mitarbeiter aber kaum Fragen stellt oder anderweitig spricht: „Dies ist die Aufgabe, am besten machst du das so …, achte aber auch darauf, dass du dies berücksichtigst …, vergiss nicht das …, hast du die Risiken auch bedacht? Du solltest so vorgehen, dass du …"

Hilfreich wäre stattdessen, dem Mitarbeiter zu signalisieren, dass er bei Fragen jederzeit zu Ihnen kommen kann. Das scheint selbstverständlich. Wenn es jedoch so wäre, dürfte es nie Probleme geben. Aber in der Praxis wundern wir uns, warum keiner kommt. Ich mache daher diesen Fall im Gespräch mit dem Mitarbeiter konkret zum Thema: „Wie willst du vorgehen, wenn Fragen auftreten? Was machst du, wenn du unsicher bist?" Dann sehe ich, wo der Mitarbeiter steht und wie er darüber denkt, so dass ich unterstützen kann.

Sich klein machen, sich in die Komfortzone zurückziehen und der Zutraueritis verfallen ist das eine Szenario, das sich einstellen kann, wenn Sie Ihre Mitarbeiter loslassen. Sie können mit der Übertragung von Verantwortung aber auch ganz andere Verhaltensweisen auslösen.

Zwischen Angebot und Affront

Sommer 2011. Damit meine Mitarbeiter mit Führungsverantwortung sich noch ein Stück weiterentwickeln, habe ich sie alle zu einem Führungsseminar eingeladen. In der Pause stehe ich mit einem meiner engsten Vertrauten in der Teeküche und setze den Wasserkocher auf. Da schießt mir durch den Kopf, wie aufnahmefähig Rolf doch die letzten zwei Tage war. Die Führungsinstrumente und -mechanismen hat er intellektuell sehr gut verstanden. Nur in der täglichen Praxis hat er sie noch nicht verinnerlicht. Da es in dem Seminar gerade um Feedback ging, will ich die Zeit nutzen, um Feedback zu geben.

Ich versenke den Teebeutel in die Tasse und frage ihn: „Na, wie sieht's aus, Rolf? Darf ich dir eine Rückmeldung geben?"

Völlig erstaunt schaut Rolf mich an und fragt: „Was meinst du damit?"

Ich versuche es anders: „Ihr habt doch gerade die Feedback-Übung gemacht, möchtest du ein Feedback von mir?"

„Torsten, Feedback von dir? Ich verstehe das nicht, wir sind doch inzwischen auf Augenhöhe!" Dann nimmt er seine Kaffeetasse und zieht weiter in den Seminarraum. Ich bleibe konsterniert zurück und bin ein wenig ratlos.

Wie bitte? Wir sind schon auf Augenhöhe? Sieht er denn nicht, wie viel er noch lernen muss?

Ich bin erschrocken ob der überhöhten Selbsteinschätzung einer der besten Mitarbeiter der Firma. Das ist so deplatziert, wie wenn ein Spieler zum Trainer sagen würde: „Das brauchst du mir nicht zu sagen, Trainer! Wir sind doch schon auf Augenhöhe!" Was würde wohl in dem Trainer vorgehen?

Ich jedenfalls fühlte mich deutlich in meinem Ego angegriffen. Und sah Null Wertschätzung für die Entwicklungsarbeit, die ich bis dahin geleistet hatte. Aber gut, inzwischen habe ich mich daran gewöhnt. Und ich weiß: Auch die Selbstüberschätzung meines Mitarbeiters war damals Teil des Loslassprozesses. Das Bewusstsein war bei ihm einfach noch nicht da.

In solchen Situationen die Fassung zu bewahren, keine Hahnenkämpfe anzuzetteln, sondern sich bewusst zu machen, dass der Mitarbeiter einfach noch nicht soweit ist zu erkennen, dass seine Anmerkung deplatziert ist, ist ein anstrengender Job, insbesondere für das eigene Ego. Das gebe ich offen zu. Doch es lohnt sich. Wenn Sie durchhalten, werden Sie irgendwann Mitarbeiter haben, die viel stärker sind als zu Beginn ihrer Tätigkeit, und sie werden stärker sein als Sie selbst, zumindest ist es mir so gegangen und ich bin davon überzeugt.

Die Überflieger wieder auf den Boden der Tatsachen zurückzuholen ist jedenfalls verlorene Liebesmüh. Es gibt nur eine wirkungsvolle Reaktion, wenn ein Grünschnabel sich für einen Alten Hasen hält und sich auch so verhält: Klappe halten. Leiden. Wachsen. Anderenfalls macht man den anderen wieder klein und überhöht sich selbst.

Sie können also nur achtsam sein. Jeder Mensch ist im Entwicklungsprozess und jeder kann nur das beurteilen, was er sehen kann. Das gilt für Mitarbeiter genauso wie für Chefs, für Geschäftsführer genauso wie für Unternehmer. Jeder kann nur das wirklich abschätzen, was er selbst erfahren hat. Alles andere ist Theorie. Wie die Indianer sagen: Ich muss in den Mokassins des anderen gelaufen sein …

Da muss ich auch vor der eigenen Türe kehren. Es ist großartig, wie ich in Fettnäpfchen treten kann. Fragen Sie mal meine Frau. Ganz hervorragend schaffen wir Männer das immer wieder bei der Geburt unserer Kinder. Gerade Rollen, die Sie niemals einnehmen können, verführen zur Selbstüberschätzung. „Also ich würde jetzt nochmal pressen an deiner Stelle …" Es ist sehr leicht, sich über jemanden zu erheben, wenn man nie in dessen Situation sein wird, denn man wird sich nie beweisen müssen.

Erstens kommt es anders, und zweitens, als man denkt

Führung ist in der Tat erlebnisreich, ich würde sagen die größte Herausforderung, aber auch das größte Potenzial für Wachstum. Wenn Sie als Führungskraft eigentlich die positive Absicht haben, Menschen nach vorne zu bringen, erleben Sie jede Menge Reaktionen. Sie erleben

→ Mitarbeiter, bei denen Sie später merken: Ich habe Fehler gemacht, ich habe die Mitarbeiter nicht richtig unterstützt. Die Herausforderung war tatsächlich eine Überforderung, das Selbstvertrauen ist kleiner als vorher.

→ Mitarbeiter, die Ihre Unterstützung wertschätzen. Die im Nachhinein verstehen, welches Potenzial Sie in ihnen gesehen haben. Und die Ihnen diesen Glauben hoch anrechnen: „Erst jetzt sehe ich selbst, dass ich es kann."

→ Mitarbeiter, die sich überschätzen. Das hat damit zu tun, dass diese Personen noch im Prozess sind. Und da können Sie als Führungskraft nur eins machen: sich zurückhalten und nichts dazu sagen. Denn sonst machen Sie den Menschen wieder klein.

→ Aber auch Mitarbeiter, Kollegen, Chefs, die die Fehler immer bei anderen suchen.

Eigentlich ist das Gefühl des Scheiterns ein unabdingbarer Begleiter von Entwicklungsprozessen. Der Mitarbeiter muss unangenehme Zeiten ertragen und ich als Chef auch. Aber immerhin gibt es dann am Ende oft genug Happy Ends. Immer dann, wenn die Einstellung und die Haltung stimmen und aus Fehlern gelernt wird. Außer Sie machen auf der Unternehmensebene Fehler.

Kapitel 3

Östlich von Neufundland – Wohin das Unternehmen steuert, wenn der Chef sich rauszieht

Es waren nur 705 von 2227 Menschen, die das Unglück vom 14. April 1912 überlebten. Und nur wenige der Überlebenden schafften es, jemals über dieses katastrophale Ereignis zu reden. Es war zu schrecklich gewesen. Etwas, womit sie nie im Leben gerechnet hatten. Auch die Reederei hatte eine solche Katastrophe niemals in Erwägung gezogen. Der Kapitän soll, so heißt es, vermessen gesagt haben: „Gott selbst könnte dieses Schiff nicht versenken."

Rund 300 Seemeilen südöstlich von Neufundland endete die Fahrt der Titanic. Nur zweieinhalb Stunden blieben zwischen der Kollision mit dem Eisberg und dem Untergang des damals größten und prächtigsten Schiffs der Welt.

Es gab auf der Titanic viel zu wenige Rettungsboote, das kostete über 1500 Menschen das Leben im eiskalten Wasser des Ozeans. Allerdings waren von gesetzlicher Seite zu dieser Zeit sogar noch weniger Rettungsboote vorgeschrieben als die, die vorhanden waren. Das Vertrauen in die Technik war zu dieser Zeit grenzenlos.

War es dieses Vertrauen, das den Kapitän mit zu hoher Geschwindigkeit durch die Eisfelder fahren ließ? Oder hat der Kapitän nur auf Anweisung des Reeders J. Bruce Ismay gehandelt? Zeitzeugen behaupten, dieser wäre zu ehrgeizig gewesen: Er wollte keinesfalls, dass das Schiff für die Atlantiküberquerung länger als die angekündigte Zeit brauchte.

Eisberge hin oder her. Bis heute ist die genaue Ursache des Untergangs der Titanic umstritten. Gleichzeitig treibt das Schicksal der Titanic die Menschen immer noch um und liefert Stoff für Spielfilme und Dokumentationen.

Die Titanic galt als unsinkbar. Dennoch ist das Undenkbare eingetroffen. Und auch bei Unternehmen scheint es erst einmal unvorstellbar, dass der Erfolgskurs ein jähes Ende finden kann. Wenn die Stimmung positiv ist und die Zahlen gut, herrscht in der ganzen Firma das Gefühl vor, es könnte endlos so weitergehen. Und beim Chef: Jetzt könne er sich endlich mal zurücklehnen … Doch tatsächlich kann es auch in einem gut laufenden Unternehmen schnell passieren, dass Risiken unterschätzt werden. Und zwar gerade dann, wenn der Chef seine Verantwortung nicht wirklich übernimmt – weil er sich in seinem Erfolg sonnt. Oder weil er einfach durch Abwesenheit glänzt.

Damit meine ich gar nicht die physische Abwesenheit. Ich denke nicht an das Klischee vom Golf spielenden Unternehmer, der das Geschäft seinen Mitarbeitern überlässt, um seinen Laden in vier Stunden die Woche von Australien aus zu steuern. Nein, ich meine die mentale Abwesenheit, die aus dem Glauben kommt: „Jetzt habe ich alles Operative delegiert. Jetzt ist es nicht mehr mein Problem! Jetzt können sie beweisen, was in ihnen steckt."

Ein Chef, der diese Haltung verkörpert, mag zwar physisch im Unternehmen präsent sein, für die Mitarbeiter ist er aber nicht greifbar. Und wird auch den Konter der vermeintlich gewonnenen Freiheit zu spüren bekommen. Denn in diesem Fall lauern jede Menge Gefahren – von kleinen unangenehmen bis hin zu existenzbedrohlichen Vorkommnissen. Die verschiedenen Gefahrenstufen möchte ich Ihnen in diesem Kapitel zeigen.

Gefahr Nr. 1: Die Qualitätsdelle

Was ist das erste Symptom, wenn ein Chef seinen Mitarbeitern die Bühne überlässt, die er zuvor selbst bespielt hat?

Eine neue Performance? Eine bessere Show? Ein tolles Teamergebnis? Ja, das ist die Hoffnung. Aufgrund der Schwarmintelligenz oder weil mehrere Köpfe schlauer sind als einer, ist die Erwartung der Führungskraft, dass das Team einen besseren Job macht als vormals der Chef allein. Und in der Praxis? Tja, da ist das Ergebnis keine Qualitätssteigerung, sondern eine Qualitätsdelle.

Eigentlich ist es logisch: Da wird ein Profi von einem Anfänger oder einem Team von Anfängern ersetzt – nicht Anfänger im Job, sondern neu in der Rolle. Natürlich sinkt erstmal die Qualität! Bei kleinen Unternehmen, die noch vor der ersten Wachstumsstufe stehen, ist das Phänomen bekannt: Der Chef hat das Unternehmen aufgebaut. Alle anfallenden Aufgaben hat er ursprünglich mehr oder weniger alleine erledigt. Er weiß am besten Bescheid, was die Produkte oder Dienstleistungen angeht, er hat den umfassendsten Überblick über Finanzen und Verwaltung. Er kennt seine Kunden – und sie kennen ihn.

Tritt er einen Schritt zurück, um sich mehr der Entwicklung des Unternehmens sowie anderen Führungsaufgaben zu widmen, fällt dieser Rückzug natürlich ins Gewicht. Das beste Pferd im Stall ist von einem Tag auf den anderen über alle Berge! Das Wissen, was Dienstleistungen oder Produkte angeht, kommt nun aus zweiter Hand, wenn überhaupt; keiner kennt die Unternehmenszahlen und Zusammenhänge so aus dem Effeff wie der Chef; und die Kunden, die die Chefbehandlung gewöhnt sind, müssen nun auf einmal mit einem ihnen fremden Mitarbeiter vorlieb nehmen. Jemandem, der einfach nicht so genau über sie Bescheid weiß. Ist dies kein abgestimmter Prozess, entstehen Reibungsverluste in der Kommunikation und im Know-how. Dann sind die Ergebnisse schlechter. Und entstehen langsamer.

Das gleiche Prinzip kommt auch auf höherer Ebene zum Tragen – wenn das Unternehmen so groß ist, dass der Chef nicht mehr operativ mitmacht. Oder wenn die Führungskraft angestellt ist. Sobald sie einen Teil ihrer Aufgaben an Neulinge übergibt, hat das denselben Effekt: Erstmal entsteht Reibung.

Geschieht ein solcher Rückzug seitens des Chefs ohne Überlegung und vorherige Planung, also ohne gelungene Stabübergabe, ist der Ärger vorprogrammiert. Die Mitarbeiter, die im Chef eine fachliche Koryphäe zur Seite hatten, müssen auf einmal alleine klarkommen. Logisch, dass da ein über Jahre gewachsenes Wissen fehlt. Und die Anerkennung, die sie bei jeder Zusammenarbeit erhalten haben. Außerdem ist die Scheu seitens der Mitarbeiter groß, den Chef wegen jeder Kleinigkeit zu konsultieren. Mit der dramatischen Folge: Die Leistungen des Unternehmens bleiben sehr wahrscheinlich hinter dem bisher guten Ruf der Firma zurück. Kein Wunder, dass sich die Mitarbeiter dann von ihrem Chef sagen lassen müssen: „Das können wir besser!"

Natürlich muss es nicht bei der Qualitätsdelle bleiben. Denn in der Tat ist ein Team – wenn es einmal eingespielt ist und Können aufgebaut hat, deutlich schlagkräftiger als jeder Chef allein! Doch um den Übergang zu schaffen und die Einbußen im Zaum zu halten, bedarf es einiger Arbeit. Mehr Arbeit statt weniger – zu Beginn.

Ein Chef, der sich in seinem Unternehmen bisher als Allrounder betätigt hat, muss sein Allroundwissen auf den Weg bringen. Er muss seine Expertise, die das Unternehmen zu dem gemacht hat, was es nun ist, an seine Mitarbeiter weitergeben. Und zwar nicht erst, wenn er sich zurückzieht, sondern viel früher. Das ist eine umfangreiche, aber lohnende Aufgabe, denn so kann sich der Chef ein Bild davon machen, wie das Unternehmen in den Bereichen, in denen er Verantwortung delegiert, auch ohne ihn läuft.

Die Einbuße an Qualität, die mit einem Rückzug des „besten Mitarbeiters im Team" oftmals einhergeht, ist zwar ein Klassiker – aber eigentlich das kleinste Problem. Beim Übertragen von Verantwortung lauern noch ganz andere Gefahren für das Unternehmen.

Die erste Ausladung

Ich muss gestehen, ich bin überrascht. Ausgeladen wurde ich in meinem Leben zuvor noch nicht. Aber gerade eben gab es dann doch eine Premiere. Unser interdisziplinäres Projektteam hat mich gebeten, *nicht* zum Abschluss seiner zweitägigen Jahreskonferenz zu kommen. Bisher wurden mir als Geschäftsführer am Ende die Ergebnisse präsentiert und auch die Strategien. Doch dieses Jahr, so hieß es auf einmal, wäre man so mit sich selbst beschäftigt, dass man vermutlich zu keinen präsentablen Ergebnissen kommen würde.

Vier Stunden später kriege ich dennoch eine Art Schlusspräsentation geliefert. Erwartet habe ich das natürlich nicht mehr, aber womit habe ich an diesem Tag schon noch gerechnet? Mein Vertriebsleiter Hermann Behrens hat eben an die Tür geklopft. Er steht nun in meinem Büro und überbringt mir den Beschluss des Tages: „Wir sind nach langer Diskussion zu dem Ergebnis gekommen, dass wir das interdisziplinäre Projektteam auflösen möchten."

Wie bitte? Jetzt bin ich erst recht interessiert an der Erklärung. Ich bitte meinen Vertriebsleiter zunächst einmal, Platz zu nehmen.

„Genau genommen", Hermann Behrens verschränkt die Arme, „hat dieses Projektteam noch nie gut funktioniert. Schon beschlossene Sachen werden immer und immer wieder durchgekaut. Und heute waren es schließlich die Fortbildungen, bei denen wir uns überworfen haben."

Je konkreter mir Hermann Behrens ein Bild zeichnet, desto bizarrer scheint es mir zu werden.

„Wie kann man sich denn bitte bei Fortbildungen überwerfen, Herr Behrens?" Fortbildungen gelten nun wirklich nicht als Krisenthema bei uns.

„Also", sagt Hermann Behrens und lockert seine verschränkten Arme, „dann erkläre ich es mal …"

Eine halbe Stunde später habe ich dann einen ersten Eindruck von diesem Tag. Es war wohl eine Art Anmerkungslawine ins Rollen gekommen, nachdem man den Fortbildungen bereits zugestimmt hatte. Fast jeder hatte etwas besser gewusst, etwas zu kritisieren. Es lief wohl auf die folgende Art:

„Wer macht denn die Fortbildungsseminare, Frau Wiedmann? Wieder die Firma Mayer?" Doch bevor Aline Wiedmann als Organisatorin der Fortbildungen etwas sagen konnte, kam bereits aus dem Off: „Nein, Mayer bringt es gar nicht, das sollten wieder die Jungs von Watson machen. Die haben das früher besser hinbekommen!" – „Aber Watson legt die Seminare immer auf Freitage und Samstage", wusste ein anderer einzuwenden, um sogleich fortzufahren: „Seminare am Wochenende. Das geht gar nicht. Da habe ich wieder Theater in der Abteilung. Das machen meine Leute nicht mit." – „In meiner Abteilung bringen die ganzen Fortbildungen sowieso nicht viel …", meinte wiederum der Nächste. – „Bei mir auch nicht, außer dass Arbeit liegenbleibt. Vielleicht sollten wir mal darüber reden, ob die Fortbildungen überhaupt Sinn machen …"

Mit deutlicher Verspätung fand schließlich auch Aline Wiedmann Gehör. Inzwischen erschien ihr allerdings die Diskussion selbst so widersinnig und kontraproduktiv, dass sie ganz einfach den Sinn des Gremiums generell in Frage stellte. Einigkeit schien mittlerweile nämlich nur noch darüber zu bestehen, dass man das ganze interdisziplinäre Projektteam schlicht wirkungslos fand. Kurzerhand beschloss man darauf, bei mir die Auflösung zu beantragen. Deshalb saß mir nun Hermann Behrens mit fragendem Blick gegenüber.

Das war des Rätsels Lösung.

Gefahr Nr. 2: Das Verantwortungsvakuum

Auch wenn Szenen wie diese eher wie Theater anmuten: Als Geschäftsführer durfte ich sie in den letzten Jahren immer wieder erleben. Sollte ich lachen oder weinen? Am Ende handelte ich nur. Denn solch eine Ergebnislosigkeit zwingt den Chef automatisch wieder in die Verantwortung. Obwohl die ursprüngliche Idee war, Verantwortung abzugeben …

Was ist bloß so schwer daran?, fragte ich mich. Warum ist Verantwortung so ein heißes Eisen, das sich nur wenige trauen, in die Hand zu nehmen?

Fakt ist nämlich: Wo Verantwortung fehlt, fehlen exzellente Ergebnisse. Dabei wäre es ziemlich einfach, voranzukommen. Ganz nüchtern betrachtet, stehen häufig nur drei Schritte an, wenn es darum geht, Verantwortung zu übernehmen – oder in einem Meeting eine Entscheidung zu treffen:

1. Machen wir das, ist das ein gemeinsames Ziel?
2. Wenn wir es machen, wer übernimmt die Verantwortung?
3. Bis wann ist das Thema erledigt?

Das wäre eine *entscheidungsgetriebene* Vorgehensweise. Wir selbst haben ein simples Tool dafür, das jeder kennt, die To-do-Liste; bei uns heißt sie „Action-Item-Liste", die wir beispielsweise für Meetings benutzen. Eigentlich nicht der Rede wert. Aber neben dem „wer bis wann was erledigt" steht da ebenfalls, wann der Eingang der Aufgabe war und wann diese tatsächlich erledigt wurde. Diese Liste wird am Anfang eines Meetings durchgegangen und kann wie ein Pranger wirken, weil sie nämlich den Reifegrad der Verantwortungskultur des Teams zeigt. Wie viel ist rot und wie lange schon, wer findet Ausreden – und gibt es Konsequenzen? Mit oder ohne Action-Item-Liste, der Unternehmensalltag zeigt, dass ein solch stringentes Vorgehen ganz selten praktiziert wird. Ich habe gehört, dass Unternehmen durchschnittlich circa 10.000 Euro pro Angestelltem durch unproduktive Meetings verlorengehen. Jährlich, wohlgemerkt. Was für eine Wahnsinnssumme, wenn man das hochrechnet!

Warum aber werden Meetings so schnell ergebnisbefreit? Wenn sich niemand für die Ergebnisse verantwortlich fühlt, wenn jeder bei allem mitreden will, nicht nur darüber was gemacht werden soll, sondern auch darüber wie es gemacht werden soll, sind nicht nur dem Palaver Tür und Tor geöffnet. Dann fehlt es an Rollenklarheit und Rollenbewusstsein. Dann macht sich möglicherweise auch Silodenken breit und auch der Egoismus, und die Showbühne der Besprechung steht allen offen.

Manche Beteiligten profilieren sich dann als Experten und wissen zu jedem Punkt etwas anzumerken. Andere nutzen die Runde, um ihre eigenen Interessen ins Gremium hineinzutragen. Da geht es um Kapazitäten für die eigene Abteilung, es wird geschaut, ob man mehr Ressourcen personeller oder materieller Art für sich herausholen kann. Und dann gibt es noch die, die bei solchen Prozessen den Kürzeren ziehen und verärgert hinausgehen.

Aber Meetings sind nur ein Beispiel, wo sich mangelnde oder fehlende Verantwortung seitens der Mitarbeiter verheerend auswirken kann. Die Gefahr lauert an jeder Ecke …

Vor einigen Jahren zum Beispiel ist unser Unternehmen außerordentlich gewachsen. Daher wollte ich mich bei den beiden verantwortlichen Mitgliedern der Geschäftsleitung erkundigen, wie die Mitarbeitersuche laufe.

„13 Leute haben wir geplant einzustellen", sagte der eine. „Elf haben wir ja schon im Laufe des Jahres an Bord geholt. Jetzt stehen nur noch zwei aus. Die sind schon fast unter Vertrag – einer kommt im September, der andere im Oktober."

Mir machte das Sorgen, schon die Einstellung der ersten elf war ja eine große Herausforderung für das Unternehmen.

„Und wer sorgt dafür, dass die Neuen ausgelastet sind?", wollte ich wissen.

Schweigen.

„Und wie ist es denn mit den bisherigen elf? Können wir *die* dauerhaft auslasten?"

Wieder keine Antwort.

„Wer ist denn dafür verantwortlich?"

Da sagte dann einer der Geschäftsleiter: „Das kann ich noch nicht sagen, wie wir die auslasten. Es gibt jetzt diese drei Projekte, da könnten wir sie einsetzen …"

Ganz offensichtlich hatten sich meine Leute voll reingehängt in die Mitarbeitersuche – und damit ihre *Aufgabe*, ihr *To-do* sehr ernst genommen. Aber die Verantwortung für die neuen Mitarbeiter zu übernehmen, das hatte keiner von ihnen auf dem Schirm.

Jobs machen, Aufgaben erledigen und To-dos abhaken: All das bedeutet *nicht*, die Verantwortung zu übernehmen. Es bedeutet nur, sich in eine bestimmte Tätigkeit zu vertiefen, sie vielleicht sogar mit Leidenschaft und Energie anzugehen – aber nicht mit Verantwortung. Dafür fehlt der Blick auf das Gesamte, die „gefühlte Gesamtverantwortung".

Dieses Verantwortungsloch hätte hohe Kosten produziert, hätte ich nicht die Notbremse gezogen. Nachdem wir die Kapazitäten und die zu erwartenden Projekte eingeschätzt hatten, war schnell klar, dass die damals aktuelle Konstellation ausreichend war. Den beiden Bewerbern, die schon eine mündliche Zusage hatten, mussten wir schweren Herzens absagen.

Das Muster ist: Wo diese verantwortungsvolle Haltung bei den Mitarbeitern fehlt, gibt es Verluste. Sie verlieren Umsatz. Vielleicht verlieren Sie sogar Kunden. Sie verlieren an Glaubwürdigkeit. Sie verlieren Ihren guten Ruf. Sie verlieren an Produktivität. Sie verlieren Chancen. Und so weiter und so fort. Manche Fehltritte können sogar richtig teuer werden – wenn niemand die Verantwortungslücke aufspürt.

Früher war es klar: Die Führungskraft oder der Chef haben für Ergebnisse gesorgt – und dafür den Kopf hingehalten. Aber in dem Moment, in dem diese sich aus der Verantwortung zurückziehen, hinterlassen sie eine Lücke. Und es ist leicht nachvollziehbar, dass sich diese Lücke durch die Mitarbeiter nicht genauso rasch schließt, wie sie entstanden ist. Deshalb muss sich jede Führungskraft, die sich aus den ehemals von ihr besetzten Aufgabenbereichen herausnimmt, dafür sorgen, dass ihr ehemaliger Bereich nicht brachliegt, sondern neu und weiter bestellt wird.

Und das bedeutet: Sie müssen führen!

Nicht böse, nur verpeilt

Um kurz vor 21 Uhr sitzen mein Co-Geschäftsführer und ich noch vor dem Rechner. Das Controlling hat uns vor drei Stunden mit mauen Gewinnzahlen konfrontiert. Die Profit-Kurve zeigt einen deutlichen Trend nach unten. Völlig überraschend.

Hmm.

Woher kommt der Einbruch? Woran liegt es? Wir scrollen die Unternehmenszahlen hoch und runter, wir versuchen Antworten zu finden. Und immerhin gibt es zumindest Spuren.

Fest steht: Die Leute haben die letzten Monate deutlich mehr Stunden für Verwaltung verbucht als früher. Gleichzeitig wurde weniger Zeit für die Kundenprojekte verwendet. Klar, dass der Profit da nach unten geht, immerhin werden wir vom Kunden nach Leistung bezahlt.

„Erfolgreicher sind wir gewesen, als wir noch kleiner waren, Andreas", überlege ich laut.

„Könnte es daran liegen, dass unsere Verwaltung zu aufwändig geworden ist?", spinnt Andreas meinen Faden gedanklich weiter.

Wir sind ein Team in dieser Sache, ein erprobtes Gespann im Zuwerfen verbaler Bälle. Nicht gerade wenige Lösungen haben wir bei unserer Zusammenarbeit ja auch schon gefunden.

„Es gibt viele neue Leute, möglicherweise liegt es an den Zeiten für Einarbeitung und Fortbildungen", macht Andreas weiter.

Ein guter Punkt. Als ich dann noch einmal auf den Bildschirm blicke, sieht es so aus, als wenn der Profit ziemlich genau seit Andreas' Beförderung zurückgegangen sei.

„Oder es liegt an dir", sage ich mehr im Spaß. „Seit du Geschäftsführer bist, ist unser Gewinn auf Abstiegskurs."

Natürlich war genau die Expansion des Unternehmens auch der Grund gewesen, warum ich an der Spitze Entlastung brauchte. Ja, in genau diesem Zeitraum kam tatsächlich so einiges zusammen. Aber so richtig klar wird uns die Ursache trotzdem nicht.

Zwei Wochen später bin ich erstaunt, denn der Zusammenhang ist geradezu simpel. Andreas und ich sitzen wieder in meinem Büro, heute allerdings entspannter.

In den letzten beiden Wochen hatte sich Andreas im Unternehmen auf Spurensuche begeben. Warum wurde weniger Zeit für Kundenprojekte notiert? Warum mehr Zeit für Verwaltung eingetragen? In diesem Fall kann man versuchen, Zahlen zu interpretieren. Oder man spricht einfach mit den Leuten. Und Zweiteres hat Andreas gemacht.

Bei seinen Erkundigungen fand er dann schnell heraus, wo der Hund begraben lag. Denn es waren weder Fortbildungen noch Verwaltungsaufgaben, die so viel Zeit fraßen. Nein, immer und immer wieder hatte Andreas *eine* Erklärung von den Mitarbeitern gehört und irgendwann konnte er sie als Ursache definieren.

„Oje, mir passiert es schon gelegentlich, dass ich vergesse, mich mit einem Kundenprojekt anzumelden. Dann werden die Stunden halt automatisch auf Verwaltung gebucht" – derart lapidar waren die Begründungen.

Andreas ist baff: „Torsten, kannst du dir das vorstellen? Wir haben durch Übersehen und einfaches Vergessen das Unternehmen auf Verlustkurs gebracht!" Durch das rasche Wachstum der Firma und jeder Menge Projekte hatten sich Unsauberkeiten eingeschlichen, die wir schlicht nicht bemerkt hatten.

Gefahr Nr. 3: Das Führungsvakuum

Ein ganz klarer Fall von fehlender Führung. Selbst wenn die Ziele klar formuliert sind: Wenn es niemanden gibt, der die Mannschaft immer wieder auf sie einschwört, Zwischenergebnisse kontrolliert und Feedback gibt, verlieren die Mitarbeiter das Gefühl dafür, wo sie stehen. Und ohne Orientierung fängt man an, vor sich hin zu wursteln.

Jeder arbeitet lieber an Aufgaben, die ihm Spaß machen, das sind aber nicht zwangsläufig auch die Aufgaben, die ergebnisorientiert sind. Techniker vertiefen sich auf einmal in die Verbesserung der Basistechnologie und verlieren das Projektergebnis aus den Augen. Im Controlling geht es mehr um die Zahlenanalyse als um die Ursachenforschung. Und Projektmitarbeiter verlieren die Ergebnisorientierung und verbuchen Projektzeiten eben unter „Verwaltung.“

Für den Chef ist das zum Schreien. Für den Mitarbeiter ein vollkommen unbewusster und unbeabsichtigter Akt. Er merkt gar nicht, dass er durch seine Arbeitsweise das Unternehmen Schritt für Schritt beschädigt. Aber es passiert. Weil ihm die Richtung nicht ersichtlich ist, der Gesamtzusammenhang fehlt und darüber auch keine Kommunikation stattfindet.

Und so passiert es, dass bei fehlender Führung jeder Mitarbeiter unbewusst seinen Raum ausdehnt. Allerdings nicht den Wirkungsraum, sondern den Einflussraum. Die Freiheiten, die er bekommt, setzt der Mitarbeiter nicht im Sinne des Unternehmens ein, sondern im eigenen Interesse. So entstehen parallele Prioritäten: die persönlichen, die mit denen des Unternehmens sogar konkurrieren können. Das wäre, wie eine Stadt bauen zu wollen – ohne jegliche Abstimmung und Kooperation, ohne Gesamtkonzept und Plan.

Wenn Sie einer Gruppe von 100 Leuten sagen „Wir bauen jetzt eine Stadt“ kommt etwas ganz anderes heraus, als wenn Sie 100 einzelnen Personen sagen: „Baut euch jetzt jeder ein Haus.“

Wenn alle zusammen eine Stadt bauen und dafür gesorgt wird, dass alle mitziehen, entstehen Straßen, Einkaufsmöglichkeiten, Plätze, Treffen,

Parks, Erholungsmöglichkeiten. Es entsteht so viel mehr, als wenn jeder für sich alleine werkelt. Im letzteren Fall hat man zwar Einzelteile in einer großen Vielfalt, aber zu einem sinnvollen Ganzen zusammenfügen, das tun sie sich nicht. Vom Ergebnis her schlägt das kollektive Stadtkonzept die Ansammlung von Häusern tausendmal. Aus gutem Grund hat bereits Aristoteles gesagt: „Das Ganze ist mehr als die Summe seiner Teile."

Mitarbeiter können ja nur dann gute Ergebnisse erzielen, wenn sie ganz genau wissen, was gerade zu tun ist. Wenn sie eine Vorstellung von der Richtung haben. Nur dann können sie als Team zusammen dahin laufen. Fehlt diese Richtung, fangen die Mitarbeiter an zu schwimmen.

Nur ein Beispiel: Vielleicht wünscht sich der Chef, dass der Kundenkontakt verbessert wird, dass mehr Kundennähe entsteht. Nicht schlecht! Aber was heißt das konkret für den Mitarbeiter? Soll er nun zusätzlich zur Karte zu Weihnachten noch eine Karte zu Ostern schicken? Oder mehr Feedback einholen? Oder was sonst noch? Diese Richtung immer wieder im Tagesgeschäft zu verankern, das ist eine der Kernaufgaben der Führung.

Je unklarer das Ziel ist, umso mehr zerren verschiedene Kräfte in verschiedene Richtungen. Oder wie Seneca es formuliert hat: „Wer den Hafen nicht kennt, in den er segeln will, für den ist kein Wind der richtige."

* *

Ist das Ziel unklar, zerren unterschiedliche Kräfte in unterschiedliche Richtungen.

* *

Wenn Mitarbeiter im Unklaren gelassen werden, agieren sie eben unklar und für den Chef nicht mehr vorherseh- und nachvollziehbar. Deshalb: Wenn niemand mehr da ist, der an die Ziele erinnert, oder wenn diese nicht konkret und präzise formuliert sind, entstehen Missverständnisse – oder es passiert gar nichts. Und genau das ist die Regel, wenn sich Führungskräfte zu schnell zurückziehen.

Der alte Chef zieht sich aus seinem bisherigen Verantwortungsbereich zurück, der neue Chef wird noch nicht wirklich im Unternehmen als nun Verantwortlicher angesehen, vielleicht auch, weil der alte Chef dann doch noch mitredet, sich einmischt. Den Mitarbeitern fehlt die Klarheit. Das Vakuum ist da – und die Verwirrung folgt. Mit einem Male bleiben nämlich entscheidende Fragen offen.

→ Was muss wann getan werden?
→ Wer übernimmt die Führung?
→ Wer trägt wofür die Verantwortung?

Diese Fragen müssen geklärt werden. Und dafür sind die Führungskräfte, die diese neue Situation des freieren Handelns durch die Mitarbeiter geschaffen haben, verantwortlich. Niemand sonst.

Dass sich diese Fragen nicht von selbst beantworten, zeigt auch der Untergang der Titanic. Die vorhandenen Rettungsboote wurden unverständlicherweise mit freien Plätzen zu Wasser gelassen! Verantwortungslos – da es ohnehin zu wenige Boote gab! Nichtsdestotrotz hatte Kapitän John Edward Smith eigentlich noch die Hoffnung gehabt, die Bootsbesatzungen würden die im Wasser treibenden Menschen in ihre Boote nehmen. Doch von den 20 Rettungsbooten tat das genau eines. Die restlichen Boote warteten mit gehöriger Distanz zu den Ertrinkenden.

Die Präsenz des Chefs ist entscheidend – auch aus einem weiteren Grund. Was würde passieren, wenn Angela Merkel sich nicht mehr bei öffentlichen Auftritten zeigen würde? Da gäbe es Chaos im Lande! Wenn die Bundeskanzlerin immer vor Ort ist, wenn ein großes Unglück geschieht, und die Hände von Helferinnen und Helfern schüttelt, dann nicht nur, weil sie sich gerne im Gespräch mit dem Volk inszeniert, sondern weil ihre Präsenz und Sichtbarkeit notwendig ist. So entsteht der Eindruck, dass jemand da ist, der sich um Schwieriges kümmert. Das schafft Vertrauen, das beruhigt und hält gleichzeitig die Staatsmacht im Denken präsent.

Und eine solche symbolische Kraft schafft letztlich auch ein Chef, der für seine Mitarbeiter sicht- und greifbar ist. Nah bei den Leuten zu sein, ist dann eine bewährte erste Maßnahme, um das hinzubekommen. Mit den Menschen zu reden, eine zweite. Gemeinsame Ziele entwickeln, damit Mitarbeiter Orientierung haben, die dritte. Und wer sie nicht ergreift, ja für den wird es wirklich heikel: Das ist, als gehe ein Schiff samt Mannschaft auf große Fahrt, aber ohne Kompass.

Kurzum: Loslassen und blindes Vertrauen können zu einem furchtbaren Desaster führen. Weil Menschen eben nicht automatisch Verantwortung übernehmen! Selbst in Situationen, in denen es überlebensnotwendig ist.

Nun geht es in Unternehmen gemeinhin nicht um Leben und Tod. Aber es gibt immer wieder Situationen, die zu Beginn unproblematisch erscheinen, sich aber bald darauf als brandgefährlich entpuppen. Deshalb bin ich der Überzeugung: Ein Chef, der sich nicht aufmerksam und vor Ort um die Fragen seiner Mitarbeiter kümmert, geht ein hohes Risiko ein. Denn die Fragen kommen zwangsläufig auf. Darum: Wer sich aus dem operativen Geschäft vollständig zurückzieht, der begeht unternehmerischen Selbstmord. Gott sei Dank hatte ich immer einen Plan B und C …

Kein Waterloo

Die Champagnerflasche, die auf dem Besprechungstisch steht, schaut mich höhnisch an. Frieder, mein Mitarbeiter, in dessen Büro ich ans Fenstersims gelehnt stehe, hat sie besorgt. Immerhin sollte heute das Okay für das lange angekündigte große Projekt kommen. Gekommen war es anders.

„Mist, Mist, Mist", denke ich.

Das Projekt hatte eine 95-prozentige Wahrscheinlichkeit gehabt. Und es wäre ein Auftrag gewesen, der das nächste halbe Jahr gesichert hätte! In Zeiten, in denen unser Unternehmen noch als Start-up galt. Meine Mannschaft hatte sich schon auf das Projekt gefreut. Doch jetzt ist Schicht im Schacht mit den Visionen. Eingetreten waren die unerwarteten fünf Prozent.

„Mist", ich kann immer noch an nichts anderes denken.

Vor einer halben Stunde ist der Anruf bei Frieder hereingekommen. Fünf Minuten Gespräch und ein Viertel des geplanten Jahresumsatzes ist wie wegradiert.

„Tut uns leid, Herr Beimer, aber das Projekt wird sich verschieben …", ganz lapidar hat der Beinah-Kunde Frieder die Projektabsage gegeben. Dieser sitzt blass und ungläubig am Besprechungstisch – für ihn ist es natürlich auch ein persönliches Desaster.

Den Kontakt zu dem Großkunden hatte er über viele Monate auf- und ausgebaut. Er war sich so sicher gewesen. Die Aussicht auf den Großauftrag hatte ihn sogar streckenweise überheblich gemacht. Je konkreter der Großauftrag wurde, desto öfter kriegte ich den Ratschlag, die kleineren Anfragen und die mittelgroßen, an denen ich dran war, liegen zu lassen.

„Das wird eh' nix. Vertane Zeit. Wir spielen jetzt in einer anderen Liga."

Zwar fand ich es etwas vermessen, diese Hinweise von einem Mitarbeiter zu bekommen. Gleichzeitig wollte ich ihn mit Gegenwind ja auch nicht entmutigen und sagte nichts. Mit der Zeit begann ich über seine Empfehlungen sogar nachzudenken. Schließlich hatte er schon zehn Jahre mehr Erfahrung im Vertrieb. Alles auf eine Karte setzen, auf Rot spielen, mutig sein – musste man das als Unternehmer nicht tatsächlich tun?

Frieder holt mich in die Gegenwart. Er hat wieder Worte, er sitzt inzwischen am Tisch, die Champagnerflasche steht direkt vor seiner Nase.

„Die wollen nicht. Dabei war es so sicher gewesen. Torsten, was machen wir jetzt?"

Der Tag, an dem man uns den Großauftrag absagte, liegt inzwischen schon über eineinhalb Jahrzehnte zurück. Es war ein immenser Rückschlag, aber zum Glück kein Waterloo. Wir haben die Champagnerflasche schließlich trotzdem aufgemacht, es gab dennoch etwas zu feiern.

Ich hatte mich nämlich nicht auf das volle Risiko eingelassen, sondern die kleinen Aufträge und den mittelgroßen Auftrag trotzdem akquiriert. Ja, ich bin ein Sicherheitsfanatiker, als Chef muss man das einfach sein.

Gesamtverantwortung zu tragen ist dabei manchmal ein schlafraubender Job, der ganz schön viel Aufmerksamkeit erfordert. Als verantwortungsvoller Chef muss ich mir viele Fragen stellen:

→ Haben die Mitarbeiter das nötige Engagement und die Kompetenz, um die Verantwortung zu übernehmen?

→ Wissen sie, wohin die Reise geht, sind Richtung und Ziele klar?

→ Bin ich als Führungskraft sichtbar? Habe ich Kontakt zu meinen Leuten?

→ Worin stecken die Mitarbeiter ihre Zeit und Energie? Arbeiten sie ergebnisorientiert oder verlieren sie sich in Inhalten?

→ Fahren wir im richtigen Tempo? Sind wir zu schnell unterwegs oder kommen wir vielleicht gar nicht voran?

Es ist nicht daran zu denken, dass eine abwesende Führungskraft auf all das ein Auge haben kann. Sie muss bei den Mitarbeitern sein und nicht nur auf dem Golfplatz oder bei der eigenen To-do-Liste.

Auch wenn der Chef eigentlich das Ziel haben sollte, sich überflüssig zu machen, indem er seine Mitarbeiter in selbstverantwortlichem Handeln bestärkt, so ist das in einem gewissen Kontext zu verstehen. Das ist ein Prozess und klappt nicht von jetzt auf gleich. Und wenn ich die Verantwortung wirklich abgegeben habe, dann wartet meine nächste Herausforderung. Das ist Entwicklung, so ist es in der Evolution.

So wie ein Kapitän sein Schiff auf den Weiten des Meeres navigiert, so muss auch die Führungskraft voraus blicken und langfristige Perspektiven verfolgen. Selbst wenn ein Chef seinen Mitarbeitern Verantwortung übertragen hat, ist er in der Gesamtverantwortung, den Mitarbeitern neue Möglichkeiten und langfristige Perspektiven zu geben.

● ●

Wenn ich die Verantwortung abgegeben habe,
dann wartet meine nächste Herausforderung.

● ●

Nur wenn ich selbst nicht mehr wachse, hört das auf. Dann bin ich wirklich überflüssig, dann nutze ich der Organisation nicht mehr, zumindest nicht mehr in der Führungsrolle. Und wenn ich dann nicht Platz mache, dann wird es sogar gefährlich; dann fange ich an, der Organisation zu schaden. Dann beginnt das Sterben. Das habe ich beobachtet, im Geschäftsleben, in der Politik, in meinem Umfeld. Deshalb sollte ein Chef schlussendlich für seine Nachfolge gesorgt haben und sich dann verabschieden. Sonst klebt er auf seinem Sessel und sorgt für Stillstand. Der Fisch stinkt ja schließlich vom Kopf her. Das ist die einfache Wahrheit – oder nennen wir es eine mögliche Einstellung.

Immer, wenn es Probleme gab, konnte ich sie bis zu mir zurückverfolgen, auch wenn es zunächst überhaupt nicht sichtbar war. Und das Spannende daran ist, es ist egal: Indem ich die Verantwortung übernommen habe, konnte ich bei mir beginnen, etwas zu verändern. Vorbild sein, das hat eine große Wirkung, als Chef haben Sie immer den größten Hebel, wenn es um Veränderung geht. Ich muss die Hosen runterlassen, mich zeigen, offen sein. Das ist Teil der Führungskultur, die sich über Werte und Prinzipien definiert, zu der ich Sie in den nächsten Kapiteln einlade möchte.

Kapitel 4

Rüstet ab! – Warum Ihre Mitarbeiter erst selbstständig werden, wenn Sie sich zeigen, wie Sie sind

„Jetzt ist es passiert!", denke ich. Erbarmungslos klingelt das Telefon noch ein drittes, ein viertes Mal, bis ich den Hörer voller Angst abnehme. Es ist der Anruf, den ich in den letzten Monaten täglich befürchtet habe: ein Freund, der mir sehr nahestand, ist tot.

Für mich bricht eine Welt zusammen.

Ich lege auf, versuche, Ruhe zu bewahren, und setze mich hin. Doch Trauer, Wut und Enttäuschung, all die Gefühle, die ich die letzten Wochen irgendwie in Schach gehalten habe, reißen mich mit: Ich weine still vor mich hin. Seit Wochen stehe ich unter Dauerstress. Eine Prüfung jagt die andere. Dann ist da noch meine Freundin, die sich ihre Zeit auf eine Weise zu vertreiben scheint, die mich doch arg an ihrer Treue zweifeln lässt.

Und jetzt dieser Todesfall.

Verdammt. Ich bin am Limit!

Gut, allen in unserer Clique war klar, dass es hoffnungslos war. Dass Andys Krankheit nicht heilbar ist. Doch die Hoffnung stirbt zuletzt. Ich wollte es nicht wahrhaben, suchte nach Alternativen, konsultierte Ärzte, las alle möglichen Fachartikel auf der Suche nach dem letzten Strohhalm.

Genauso wie ich nicht wahrhaben wollte, dass meine Freundin und ich nicht wirklich zusammenpassten. Wir stritten uns schon gar nicht mehr. Wir lebten nur nebeneinander her. Und redeten aneinander vorbei.

Vergebens.

In der Zeit nach diesem Anruf habe ich wie ein Löwe gekämpft. Mit Andys Tod. Mit meiner Freundin auf Abwegen. Ich konnte nicht loslassen, weder die Beziehung, die schon lange nicht mehr funktionierte, noch meinen guten Freund, den ich am liebsten wieder zum Leben erweckt hätte, wenn es irgendeine Möglichkeit gegeben hätte. Doch nach vier Wochen konnte ich nicht mehr. Ich hatte kaum noch geschlafen, zehn Kilogramm abgenommen und war physisch und seelisch ein Wrack.

In dem Moment merkte ich: Ich muss etwas tun.

Ich muss aufhören, in der Vergangenheit und in der Phantasie zu leben. Meine einzige Chance ist, alles loszulassen, was nicht mehr lebendig ist. Meinen Freund – und meine Projektionen. Ich hörte auf, Andy zurückholen zu wollen. Und ich beendete die Beziehung mit meiner Freundin.

In dieser Nacht habe ich endlich wieder schlafen können. Ich wachte auf und fühlte mich wie neugeboren. Ich ging ins Bad, wusch mein Gesicht, schaute in den Spiegel, und …

… Moment: Was war das? Ich rückte näher an den Spiegel.

Da waren doch Löcher in meinem Bart! Die Haare fielen aus. Und am Kopf waren auch schon Lücken! Ich nahm den Kamm, fuhr damit durch die Haare und sah nur, wie sie büschelweise darin hängenblieben und im Waschbecken landeten.

Heute habe ich kein einziges Haar mehr am Körper.

Totalschaden

Der Grund, warum ich von dieser Episode meines Lebens so offen erzähle, ist, dass ich daraus in Sachen Führung mehr gelernt habe als aus jedem Managementbuch oder Führungskräfteseminar. Auch wenn ich Zeit dafür gebraucht habe: Ich hatte an einer Freundschaft festgehalten, obwohl mein Freund tot war. Und an einer Beziehung, die eigentlich schon vorbei war. Nur weil ich Angst hatte, etwas zu verlieren. Ich habe mich selbst in die Abhängigkeit begeben. Und dann wollte ich nicht mehr verletzt werden.

Nachdem ich die Episode hundertmal reflektiert hatte, nachdem ich mit Freunden darin rumgebohrt hatte und nachdem ich in mehreren Jahren Unternehmersein gemerkt hatte, dass ich immer wieder auf denselben Mechanismus in unterschiedlichster Variation stieß, gewann ich nach und nach die Erkenntnis: Wer Angst hat vor dem Verlust, verliert am Ende genau das – und noch mehr.

Und das meine ich nicht nur in Bezug auf Beziehungen und Haare, sondern insbesondere in Bezug auf die Führung von Mitarbeitern, Kollegen, Kunden oder die eigenen Vorgesetzten. Und zwar insbesondere bei denjenigen Chefs, die verstanden haben, dass sie in ihrem Fachbereich oder ihrem Unternehmen nur mit einer starken Mannschaft Großartiges leisten können. Chefs, die verstanden haben, dass Mitarbeiter nur dann voll hinter ihrer Arbeit stehen, wenn diese für sie sinnvoll ist. Und dass sie nur dann ihr Bestes geben, wenn ihre intrinsische Motivation geweckt ist.

Wenn Sie zu dieser Führungs-Avantgarde gehören, wissen Sie ganz genau, was das konkret bedeutet: Sie stärken Ihr Team, indem Sie jedem Mitarbeiter die volle Verantwortung für seinen Bereich, also die volle Entscheidungsmacht übertragen. Sie zögern nicht eine Sekunde, wenn es darum geht, Aufgaben zu delegieren – auch wenn dies bedeutet, dass nicht mehr Sie die Lorbeeren von den Kunden einheimsen, sondern Ihr Team. Ihr Ego haben Sie zugunsten der Ergebnisorientierung soweit abgelegt, dass es für Sie die größte Genugtuung ist zu sehen, wie Ihr Mitarbeiter den Job inzwischen besser macht als Sie früher. Denn Sie wissen: Der Erfolg Ihres Teams ist Ihr Erfolg. Sie haben den Richtigen für die Aufgabe ausgewählt, ihn gut eingeführt und ihn befähigt, diese selbstständig zu lösen. Sie machen sich überflüssig, Stück für Stück ...

● ●

Wer Angst hat vor dem Verlust, verliert am Ende genau das – und noch viel mehr.

● ●

Das ist Führung. Im Idealfall.

Aber es gibt auch die andere Welt: Chefs, die ständig einschreiten, um das aus ihrer Sicht Schlimmste zu verhindern, fahren das Team erst recht vor die Wand, auch wenn das Ergebnis am Ende stimmt.

→ Chefs, die in aus ihrer Sicht ineffektive Meetings eingreifen, gewinnen meist keine Zeit, sondern verzögern die Ergebnisse.

→ Chefs, die Misserfolge mit ihrem Team aufarbeiten, sorgen nicht für bessere Zukunftsstrategien, sondern für Demotivation.

→ Chefs, die am besten wissen, was ihre Kunden brauchen, sorgen dafür, dass diese definitiv nicht kaufen.

Und? Kaufen Sie alle diese Sätze? Wenn nicht, brauche ich nur noch ein wenig Zeit, um Sie zu überzeugen. Wenn doch, dann liefere ich Ihnen gerne noch den dahinterliegenden Grund dafür.

Mitarbeiter an ihre Verantwortung zu erinnern, wenn sie diese aus den Augen verlieren, ist die naheliegendste Reaktion. Und rational betrachtet ist es auch die beste, weil konsequenteste Reaktion. Sie tun schließlich nichts anderes, als Ihrem Gegenüber aufzuzeigen, dass es seinen Teil des Deals, den es mit der Übernahme der Aufgabe eingegangen ist, nicht erfüllt. Das ist Transparenz. Das ist Fairness. Das bedeutet, Mitarbeiter ernst zu nehmen und sie wie Erwachsene zu behandeln.

Doch so richtig das aus einer gewissen Sicht auch ist – es ist aus einer anderen Perspektive vollkommen falsch. Führen bedeutet nämlich ganz schlicht: Menschen zu herausragenden Ergebnissen bewegen. Menschen wohlgemerkt, nicht Maschinen. Bei zwischenmenschlichen Beziehungen allerdings spielt nicht nur die *ratio* eine Rolle, sondern auch die *emotio*. Also nicht nur die Sachebene, sondern auch die Beziehungsebene. Und genau auf dieser emotionalen Ebene liegt die Antwort auf die Frage, warum Führungskräfte trotz bester Absichten mit ihren Kurslenkungen oder Rettungsaktionen mehr Schaden anrichten als Gutes tun.

> Ein Mitarbeiter kann nur für das Verantwortung übernehmen,
> was er derzeit sehen kann.

Einmal angenommen, Ihr Team hat ein Projekt so richtig verbockt. Natürlich platzen Sie nicht rein und fragen: „Wer hat denn diesen Mist gebaut?“ So gehen nur cholerische Alphachefs vor. Sie nicht. Sie kennen die Freiheit zwischen Reiz und Reaktion, Sie führen Ihre Emotionen und lassen sich nicht von ihnen führen. Aber wenn Sie Ihre Führungsaufgabe ernst nehmen, werden Sie dafür sorgen, dass das Team Feedback zu seinen Ergebnissen bekommt. Sprich: Sie suchen nach den Ursachen für den Misserfolg. Und Sie fordern eine Lösung von Ihren Leuten. Das klappt auch gut, schließlich haben Sie sie dazu erzogen, mitzudenken und selbst Entscheidungen zu treffen, statt mit jeder Schwierigkeit zu Ihnen zu kommen. Aber merkwürdigerweise macht Ihr Team bei der nächsten Gelegenheit genau die gleichen Fehler wieder.

Die Situation wiederholt sich beinahe eins-zu-eins. Warum? Wegen der unausgesprochenen Botschaft, die Sie mit dieser Vorgehensweise vermittelt haben. So diplomatisch Sie sich auch ausdrücken und so sehr Sie auch betonen, dass es Ihnen nicht darum geht, Schuldige zu suchen oder Ihr Team zu bestrafen. Indem Sie es bitten, das Problem zu finden und mit Lösungen zu Ihnen zu kommen, senden Sie unbewusst die Botschaft mit: „Das Problem liegt bei euch. Ich habe alles richtig gemacht."

Was aber, wenn Sie vielleicht Teil des Problems sind? Oder sogar die Ursache? Was ist dran am Fisch, der vom Kopf her stinkt? Wenn das so wäre – und das können Sie im Grunde nie wirklich ausschließen –, dann würden Sie Ihre Mitarbeiter mit dieser Herangehensweise garantiert gegen sich aufbringen. Selbst wenn sich herausstellt, dass das Problem tatsächlich im Team liegt: Die Vorannahme, dass es so sein muss, zeugt nicht gerade von einem großen Zutrauen Ihrer Mannschaft gegenüber. Ohne es zu merken, stellen Sie durch Ihre Art zu kommunizieren Ihr Team bloß – und machen es dadurch automatisch klein.

All das passiert natürlich unbewusst. Schließlich haben Sie beste Absichten und wollen Ihren Mitarbeitern helfen, stark zu werden und sich von Ihnen zu emanzipieren. Sie möchten nicht hierarchisch, kraft Ihrer Position führen, sondern partnerschaftlich, kraft Ihrer Kompetenz und Ihres Einflusses. Und mit dem, was Sie explizit sagen, treten Sie auch als Partner auf. Mit dem, was Sie aber implizit kommunizieren – und was von Ihren Mitarbeitern nicht unbemerkt bleibt –, zeigen Sie sich als Gegner. Oder um mit dem Kommunikationswissenschaftler Friedemann Schulz von Thun zu sprechen: Die Botschaft, die Sie senden, ist: „Ich bin auf eurer Seite." Die Botschaft, die bei Ihrem Gegenüber ankommt, lautet: „Ich bin gegen euch."

Explizit treten Sie als Partner auf. Implizit als Gegner.

Ihre Absichten können noch so edel sein: Am Ende ist die Wirkung Ihres Handelns das Einzige, was zählt. Und diese ist noch stärker, als Ihnen vielleicht bewusst ist. Ihre Wirkung auf das Gegenüber entsteht nur zu sieben Prozent aus Ihrer verbalen Botschaft. Die restlichen 93 Prozent generieren sich aus nonverbalen Anzeichen, also Tonspur und Körpersprache. Sie können sich also noch so höflich, professionell oder gewählt ausdrücken, wenn Sie dabei unbewusst die Hände vor der Brust verschränkt halten oder sich einschüchternd nach vorne beugen, ist Ihr Gesprächspartner schon verunsichert.

Die Frage ist nun: Wie und warum kommt diese ungünstige Rollenkonstellation zustande?

150.000 gegen 1

„Weiß ich nicht aus dem Kopf und ich habe gerade viel zu tun", antwortet mein Mitarbeiter kurz angebunden. Dann kehrt er mir den Rücken zu und blickt starr auf seinen Controlling-Report. Dabei habe ich ihn doch nur gefragt, wie die Produktivität gerade aussieht.

Der sonst so sachliche und gefasste Jörg scheint heute auf Krawall gebürstet zu sein. Vielleicht hat er Stress zu Hause, vielleicht ist er einfach nur mit seinen Aufgaben im Verzug. Ich weiß es nicht, aber ich weiß, dass ich diese Information brauche. Also bohre ich weiter:

„Jörg, ich will nur wissen, ob die 150.000 Euro für die Hengelberg-Software bei dir im Monatsumsatz schon drin sind."

Das Tastengeklapper hört schlagartig auf. Mein Mitarbeiter dreht sich in seinem Bürostuhl um 180 Grad, fixiert mich wie ein Adler und presst mir nur diesen einen Satz entgegen: „Torsten, deine Frage ist unnütz!"

Das ist nicht nur kurz angebunden, das ist auch nicht nur unhöflich. Das ist im wahrsten Sinn des Wortes aggressiv.

„Wie redet Jörg mit mir?", schießt es mir durch den Kopf. Eigentlich habe ich ihm klar gesagt, was ich brauche. Er scheint mich aber mit Absicht hinzuhalten. Mein erster Impuls ist, zum Gegenangriff überzugehen. Ihm zu zeigen, wer hier am längeren Hebel sitzt. Aber dann denke ich:

Vorsicht Reiz – Reaktion! Dieser wildgewordene Stier ist doch nicht Jörg! Jörg ist einer meiner besten Mitarbeiter. Er würde mich nie ohne Grund angreifen. Aber etwas muss ihn gerade ganz schön aufgebracht haben. Bevor ich also gegen Gespenster kämpfe, sollte ich besser versuchen zu verstehen, wieso er gerade so wenig souverän reagiert.

Für einige Sekunden stelle mir vor, dass *ich* auf seinem Stuhl sitze und die Daten in den Computer eingebe. Die Umsatzliste habe ich vor mir. Warum nervt mich die Frage meines Chefs so?

Ah! Logisch. Oh Mann, dass ich nicht gleich darauf gekommen bin ... Der arme Jörg hat den Eindruck, ich wolle nicht nur die Informationen haben, sondern einen Vorschlag, wie er den Umsatz noch weiter erhöhen kann. Dabei liegt mir nichts ferner, als ihn unter Druck zu setzen. Ich brauche nur Klarheit über unsere Umsätze und will einfach wissen, ob die 150.000 Euro Zusatzeinnahmen von letzter Woche bereits in der Umsatzliste drin sind oder nicht. Das ist alles. Information – kein Druck.

„Jörg, darf ich darum bitten, dass du versuchst, mich zu verstehen?", frage ich ihn, nachdem ich mich innerlich beruhigt habe.

„Denkst du, ich habe dich nicht verstanden?", schießt er wieder zurück.

„Ich glaube, ich habe mich eben nicht klar genug ausgedrückt. Ich will hier einfach nur die Lage verstehen, mehr nicht. Ok?"

Die Anspannung in seinem Oberkörper scheint sich langsam aufzulösen. Jetzt lehnt sich Jörg zurück, macht eine Pause und sagt: „Ok."

„Jörg, nur zum Verständnis: Wenn es bei dieser Zusatzeinnahme nicht um 150.000 Euro ginge, sondern um einen Euro, wäre dieser Euro dann in der Umsatzliste bereits drin oder nicht?"

Jörg braucht gar nicht auf die Tabellen schauen. Er nickt schon. „Nein, der wäre noch nicht drin."

„Danke, das ist alles, was ich wissen wollte", sage ich und reiche ihm die Hand zum Abschied.

„Ähmm ... ach so ... na dann, ist ja gut." Auf einmal ist Jörg wieder der Alte. Und ich um eine Erkenntnis reicher.

Mit Colt und Lasso

Ich weiß nicht, wie es Ihnen geht, aber für mich ist die Kommunikation nach wie vor die anspruchsvollste Aufgabe bei der Mitarbeiterführung. Da können Chefs noch so viele Rhetorik-Fortbildungen, NLP-Seminare und Führungserfahrung im Rücken haben: Die Gefahr, sich ins Fettnäpfchen zu setzen, ist trotz aller Ausdrucks- und Verkaufskunst immer noch extrem hoch. Denn ohne es zu merken sagen sie Dinge, die ihre Mitarbeiter verunsichern, ihnen Angst machen oder sie regelrecht in Panik versetzen – und sie dazu verleiten, bockig, ablehnend, unwillig, ja sogar aggressiv zu reagieren. Jawohl, zu reagieren! Wenn Mitarbeiter auf Konfrontation gehen, dann ist die Wahrscheinlichkeit hoch, dass sie es nicht aus Streitlust tun, sondern weil ihr Chef sie dazu provoziert hat.

> Ohne zu merken, sagen Vorgesetzte Dinge, die ihre Mitarbeiter in Panik versetzen. Auch defensive Gewalt ist Gewalt.

Sicher, einen Kampf anzuzetteln ist das Letzte, was eine Führungskraft vorhat. Aber die meisten Führungskräfte tun es dennoch. Ohne Absicht, ohne es zu merken. Einfach nur, weil sie selbst Angst haben.

Der Mitarbeiter ignoriert eine Bitte seines Vorgesetzten. Welcher Chef hätte da keine Angst, seine Autorität und damit die Kontrolle über seinen Bereich zu verlieren? Das Team hat trotz des Rates des Vorgesetzten anders gehandelt, als von ihm empfohlen, nun ist das Projekt beinahe versenkt. Welcher Chef hätte keine Angst, dass die Mitarbeiter genau so weitermachen, statt den Kurs zu ändern?

Die Ängste fortschrittlicher Führungskräfte, die ihre Mitarbeiter empowern, sind so vielfältig wie ihre guten Absichten. Doch so menschlich dies auch ist: Diese Ängste haben Auswirkungen auf die Beziehung zum Team. Das Verhältnis zwischen einem angstgeplagten Chef und einem Mitarbeiter ist vergleichbar mit der Beziehung zwischen zwei Cowboys bei einem unvorhergesehenen Aufeinandertreffen in der Prärie. Sie kennen dieses Western-Klischee:

Sonnenuntergangskulisse zwischen Kakteen: Zwei Silhouetten reiten aufeinander zu, bis einer den anderen wahrnimmt. In dem Moment bleibt er stehen und greift instinktiv zur Waffe. Der andere könnte gefährlich sein. Also unternimmt der Cowboy alles Nötige, um sich zu schützen. Wenn der Zweite ihn sieht, was denkt er? „Hilfe, ich werde angegriffen!" Also greift auch er zu seinem Colt.

Was ist Selbstverteidigung? Was ist Angriff? Die Auslegung hängt vom Betrachter ab. Nicht nur im Wilden Westen, nicht nur im Mittelalter, als Ritter und Krieger aufeinandertrafen. Sondern auch heute – bei der Führung von Mitarbeitern. Wenn moderne Chefs also partnerschaftlich agieren möchten, dabei aber auf Widerstand stoßen, dann bedeutet es, dass der Chef Gewalt ausübt. Keine aggressive Gewalt, soviel ist klar. Der Chef versucht nur, sich zu verteidigen. Aber auch defensive Gewalt ist Gewalt. Und der Chef sitzt am längeren Hebel.

Sich und die Abteilung, den Bereich oder das Unternehmen zu schützen, und sei es nur mit Worten, ist zwar eine natürliche, gutgemeinte Reaktion, von außen sieht sie aber aus wie ein Angriff. Es ist, wie wenn ein Ritter im Mittelalter beim Hören von unbekanntem Pferdegetrab das Visier seiner Rüstung runterklappen würde. Diese *Rüstungskommunikation* ist zwar zur Verteidigung gedacht, wirkt aber wie eine Kampfansage. Und sobald eine Kampfansage einmal in der Welt ist, ist der Konflikt kaum mehr zu verhindern. Zwischen Chef und Mitarbeiter bricht der Krieg aus – genauso wie zwischen zwei Staaten. Und das, obwohl keine der beiden Seiten unbedingt vorhatte, die andere anzugreifen.

Der Konflikt schaukelt sich dann von alleine weiter hoch, da die Kontrahenten immer mehr Energie hineinstecken, einander mit Dominanz- und Machtbeweisen zu überbieten. Wie die USA und die UdSSR im Kalten Krieg, wo das Wettrüsten erst ein Ende nahm, als die Sowjetunion die gewaltige Rüstungsproduktion nicht mehr finanzieren konnte.

Was passiert aber konkret, wenn Chef und Mitarbeiter kommunikatives Wettrüsten betreiben? Was mit einem kleinen Eklat anfängt oder auch nur mit einer unterschwelligen Bemerkung – „Ach so, das wussten Sie nicht?" –, wird schnell zur dauerhaft schlechten Stimmung. Es reicht, wenn sich ein Mitarbeiter nur einmal ungerecht behandelt oder nicht verstanden fühlt, schon gehen die Schuldzuweisungen los. Anfangs subkutan, später offen. Anfangs nur zwischen Chef und Mitarbeiter, später zwischen den Mitarbeitern untereinander und kreuz und quer im ganzen Team.

Die Verständigung wird immer schwieriger, der kurze Dienstweg reicht nicht mehr, um Entscheidungen zu treffen und Projekte voranzutreiben, weil die Mitarbeiter sich aus „Schutz" jeden Arbeitsschritt absegnen lassen und dokumentieren oder keine Zusagen mehr machen. Meetings ziehen sich unglaublich in die Länge, die Stimmung ist zum Greifen gespannt, denn es geht bei diesen Besprechungen nicht nur um die Sache, sondern in erster Linie darum, persönliche Konflikte auszutragen oder, noch schlimmer, um den heißen Brei herum zu reden. Das Vertrauen geht nicht nur zwischen den Kontrahenten verloren, sondern im gesamten Team – weil nicht mehr alle am gleichen Strang ziehen. Die Folge sind dauerhaft schlechte Stimmung und Stellungskriege bis hin zu Mobbing.

Bei diesem Spiel gibt es nur Verlierer.

Rüstungskommunikation zeitigt also die denkbar schlechtesten Ergebnisse; es gibt immer einen Gewinner und einen Verlierer. Oder schlimmstenfalls – und wenn Sie es zu Ende denken, werden Sie merken, der schlimmste Fall tritt immer ein –, schlimmstenfalls gibt es sogar *nur* Verlierer. Weil eine von Machtspielen geschwächte Mannschaft nicht mehr ihr Bestes geben kann und immer unter ihren Möglichkeiten bleiben wird. Wie die Führungsriege von Hewlett Packard mit ihrer fatalen Entscheidung im Jahr 2010.

Die Verwaltungsräte bei HP waren so zerstritten, dass sie sich auf keinen Nachfolger für den gefeuerten Firmenchef Mark Hurd einigen konnte. Als dann ein internes Komitee den Ex-SAP-Vorstandssprecher Léo Apotheker vorschlug, sagten die vom internen Gerangel ermatteten Verwaltungsräte Ja und Amen. Doch keiner von ihnen machte sich ein Bild von dem Mann, der die Geschicke des weltweit größten Technologiekonzerns in Zukunft lenken sollte, bevor diesem die Nachfolge angetragen wurde. So kam es, dass ein Mann den Posten erhielt, dessen Führungsstil zuvor bereits auf heftigen Widerstand gestoßen war. Ein knappes Jahr später ist Apotheker schon wieder draußen, mit einer Abfindung von etwa 35 Millionen Dollar. Das US-Wirtschaftsmagazin Forbes titelte dazu: „Apotheker wasn't the Problem at HP; It's the Board". Die Folgen dieses Zwischenspiels waren verheerend: Unter Léo Apotheker hatte sich der Wert von Hewlett Packard an der Börse nahezu halbiert.

Interne Kämpfe können Unternehmen nicht nur schwächen, sondern sogar in den Ruin stürzen. Energie, die in das Austragen von Konflikten fließt, fehlt nämlich dort, wo sie wirklich gebraucht wir: am Markt, dort wo Wirkung und Nutzen erzeugt werden. An der Schnittstelle zwischen Kunden und Unternehmen. Dies ist die „Front", die Wertschöpfung, Wachstum und Entwicklung bewirkt. Und diese Front ist entscheidend für das Fortkommen des Unternehmens: Entweder das ganze Team zieht an einem Strang, ist nah am Kunden, erkennt seine Wünsche und Bedürfnisse und reagiert darauf mit dem passenden Angebot – oder es ist nur noch eine Frage der Zeit, wann das Unternehmen pleitegeht.

Um nicht in dieses gefährliche Fahrwasser zu kommen, hilft nur eins: auf den vermeintlichen Selbstschutz, also auf jegliche Form von kommunikativer Gewalt zu verzichten. Mit anderen Worten: Abrüsten.

Das gilt zwar für beide Seiten, denn wer angefangen hat, ist immer eine Henne-Ei-Frage. Aber Sie als Chef haben nur Ihr eigenes Verhalten in der Hand. Deshalb spreche ich zu Ihnen, wenn ich sage: Rüsten Sie ab! Verzichten Sie auf den Schutz, den Sie meinen zu brauchen – *gerade* dann, wenn Sie ganz automatisch und intuitiv danach greifen würden. Das ist Führung.

Dass es einfach ist, habe ich nicht gesagt. Mir ist klar, dass Sie Ihre Angst nicht einfach ignorieren können. Und erst recht nicht überwinden. Wenn Sie sehen, dass das Entwicklungsteam drei Wochen an der falschen Aufgabenstellung gearbeitet hat, gibt es keine Technik, mit der Sie die schwitzenden Hände, die trockene Kehle und Ihre Angst, Sie könnten Ihren Ruf über Nacht ruinieren, stoppen können. Das müssen Sie auch nicht. Aber Sie müssen auch nicht die Rüstung anziehen. Egal, wie groß Ihre Angst ist, Sie können dennoch abrüsten – oder anders gesagt: Trotz Ihrer Angst können Sie auf den Schutz verzichten. Sie müssen sich nur klarmachen, dass es sich lohnt.

Helfen Sie mir!

„Mir gefällt gut, wie Sie die Funktionen dargestellt haben", lege ich los mit meinem Feedback. „Wenn es um die Detailfeatures geht, passt die Präsentation also aus meiner Sicht. Was ich mir noch wünsche, gerade am Anfang der Folien, ist, dass die Anwender, die die Software noch nicht kennen, zunächst einen Überblick über das System und dessen Einsatzbereiche bekommen. Wer das erste Mal damit in Berührung kommt, ist ohne eine Einführung am Anfang verloren. Das würde ich also noch ergänzen."

Mein Mitarbeiter Tino Leinfelder verschränkt demonstrativ die Arme. Wie ein Sumo-Kämpfer hat er sich vor mir aufgestellt. „So langsam denke ich, Sie machen das mit Absicht", sagt er mit rotem Kopf.

Damit Sie sich die Situation besser vorstellen können: Unser Team hat eine neue Software an die Firma Gluft ausgeliefert. Timo Leinfelders Aufgabe ist es nun, diese den Anwendern zu präsentieren. Vor 30 Minuten hat er mir seine Folien geschickt und um Feedback gebeten. Nun bin ich vorbeigekommen, um ihm meine Rückmeldung zu geben. Insofern bin ich ziemlich irritiert über seine Reaktion.

„Wie meinen Sie das, Herr Leinfelder? Was mache ich mit Absicht?"

„Na, immer ein Haar in der Suppe zu finden. Alles, was ich mache, ist schlecht oder genügt nicht. Ich weiß gar nicht, ob Sie noch mit mir zusammenarbeiten wollen ...", bricht es mit Wucht aus ihm heraus.

„Was bedeutet es denn für Sie, wenn ich Ihnen ein Feedback gebe?", will ich wissen.

In dem Moment wird er nachdenklich und weiß nichts mehr zu sagen. „Fassen Sie meine Rückmeldung so auf, dass ich zeigen möchte, dass ich es besser kann, dass ich Sie bloßstellen oder dominieren will?" In dem Moment schaut er auf den Boden und ist total irritiert; stockend antwortet er „Eigentlich nicht" und schaut beschämt zur Seite.

„Herr Leinfelder, meine Rückmeldung dient einzig und allein dazu, Sie nach vorne zu bringen, sonst nichts."

Schließlich sagt Timo Leinfelder: „Ich wünsche mir, dass Sie mir bei der nächsten Präsentation auch wieder Feedback geben."

Hosen runter

Abrüsten, auf jeglichen Schutz verzichten: Was bedeutet das in der Führung? Sich genauso zeigen, wie Sie sind – auch dann, wenn Sie der Grund für einen Misserfolg sein könnten. Das Gegenüber ist mit dieser einfachen Geste schon entwaffnet. Dabei interessieren Sie sich nur ernsthaft für Ihren Mitarbeiter und sind offen für Feedback. Sie wollen zunächst nur wissen, was Sie verbessern können. Sie bleiben einfach bei sich.

Indem Sie also die Waffe ablegen, indem Sie nicht auf Diskussionen einsteigen, nicht Kontra geben, sich nicht rechtfertigen, nicht einmal wenn Sie angegriffen werden, sondern den Angriff, die Kritik, die Sorge oder das schlechte Ergebnis ernst nehmen, Ihren Mitarbeiter zu verstehen versuchen und konstruktiv zusammen mit ihm nach einer Lösung suchen, verwandeln sich ganz viele Probleme in Luft. Andere wiederum können Sie mit dieser Vorgehensweise erst klar erkennen. In beiden Fällen ist das Abrüsten ein riesiger Schritt nach vorne, um die Beziehungsebene und das Vertrauen im Team zu stärken. Wenn Sie diese Haltung konsequent einnehmen, werden sich die Ergebnisse in Ihrer Organisation sehr rasch verbessern.

Doch sich derart offen zu zeigen, den Fehler und die Verbesserungsmöglichkeiten als Erstes bei sich selbst zu suchen, macht angreifbar. Und dies ist auch der Grund, warum ich die Chefs, die konsequent abrüsten, an den Fingern einer Hand abzählen kann. Meine Beobachtung an befreundeten Führungskräften und an mir selbst ist nämlich: Unsere größte Angst ist nicht wirklich, dass Projekte scheitern, dass Kunden abspringen, dass wir unsere Ziele nicht erreichen. Diese Sorgen können zwar real sein, sie sind aber nur vordergründig. Hinter ihnen steckt ein anderes, viel mächtigeres Motiv: Wir haben unglaubliche Angst, das Gesicht zu verlieren, unser Image, unsere Autorität, unseren Status.

Wir haben unglaubliche Angst, das Gesicht zu verlieren.

Wenn wir unsere Mitarbeiter empowern wollen, ihnen Befugnisse und Entscheidungsmacht geben, ihnen aber bei Misserfolgen oder wenn sie ihre Ziele nicht erreichen zu verstehen geben, das Problem liege bei ihnen, denn dort sei ja schließlich auch die Entscheidungsmacht, dann sind wir – es ist einfach so – vollkommen angstgesteuert. Denn wir sind das Ergebnis unserer Mitarbeiter. Aber wir haben Angst, eventuelle Fehler zuzugeben. Wir haben Angst, als schlechter Chef dazustehen. Wir haben Angst, als unfähig wahrgenommen zu werden. Und wir haben Angst, dadurch unsere Autorität zu verlieren, ohne die wir unser Team nicht mehr führen können. Mit anderen Worten: Wir fürchten, unsere Position könnte geschwächt werden.

Hören Sie da etwas heraus? Ich schon. Obwohl Sie intellektuell Verantwortung abgegeben haben, obwohl Sie radikal losgelassen haben, indem Sie Ihre Mitarbeiter Entscheidungen treffen lassen, obwohl Sie verstanden haben, dass Sie im 21. Jahrhundert nicht mehr über Ihre Position führen können, sondern über Kompetenz und natürliche Autorität, halten Sie paradoxerweise immer noch an Ihrer Position fest und definieren sich innerlich nach wie vor darüber. Aus Angst, die Macht aus der Hand zu geben.

Operative Macht haben Sie bereits abgegeben. Aber durch die Rüstungskommunikation versuchen Sie, sie verbal zurückzuerlangen. Unbewusst. Sie drücken sich so aus, als seien Sie immer noch der Entscheider. Dabei sind Sie es in vielen Belangen nicht mehr. Sie reden so, als seien Sie unfehlbar. Das sind Sie aber genauso wenig wie Ihre Mitarbeiter.

All das aus einer unnötigen Angst heraus. Dass sie unnötig ist, habe ich mit der Zeit lernen dürfen. Ich weiß heute, wozu mein Haarausfall gut war.

Als mir klar wurde, dass meine Haare nicht mehr nachwachsen würden, habe ich mich kurzerhand kahl scheren lassen. Der erste Blick in den Spiegel danach war brutal. Ich fühlte mich nackt und kam mir gleichzeitig entstellt vor.

Meine Wimpern und Augenbrauen waren schon weg, und nun auch meine Kopfhaare. Auf einmal sah meine Stirn wie geschwollen aus, meine schiefen Zähne wurden sichtbar, die bislang hinter dem Bart nicht aufgefallen waren, und meine Kopfform war eine ganz andere als jene, mit der ich mich seit über 25 Jahren identifizierte. Ich erkannte mich nicht wieder. Ich hatte im wahrsten Sinne des Wortes mein Gesicht verloren.

Dies meine ich nicht nur äußerlich, sondern auch was meine Persönlichkeit angeht. Auf einmal wurde ich nicht mehr ins Theatercafé reingelassen, weil mich ein Kellner für einen Skinhead hielt; an der Grenze wurde ich angehalten und gefragt, ob ich eine Schusswaffe dabei hätte, und auf der Straße hatte ich das Gefühl, dass mich jeder Passant anglotzt.

Das Interessante ist: Es war auch so. Mich hat auch jeder angeglotzt. Allerdings nicht, weil ich keine Haare mehr hatte – das habe ich inzwischen erfahren dürfen –, sondern weil ich vermutlich die denkbar schlechteste Ausstrahlung meines Lebens hatte. Ich fühlte mich nicht wohl in meiner Haut. *Das* spürten meine Mitmenschen.

Als ich dies endlich erkannt hatte, beschloss ich, mich von jeglicher Nostalgie zu lösen, und sagte zu mir im Spiegel: „Das bin jetzt ich. Ich werde mich nicht verstellen, ich werde keine Perücke tragen und ich werde mich auch nicht über meine fehlenden Haare definieren." Sie ahnen schon, was dann passiert ist? Nicht ein einziges Mal wurde ich seitdem mehr schief angeschaut, aus dem Theatercafé vertrieben oder an der Grenze für einen Kriminellen gehalten. Ich hatte mich selbst angenommen und heute verliere ich keinen Gedanken mehr darüber, ob ich Haare habe oder nicht.

Durch diese harte Episode meines Lebens habe ich erkannt: Schwäche zeigen bedeutet Stärke. Wenn ich mich zeige, wie ich bin, öffnen sich mir die Türen und die Menschen. Privat wie auch im Geschäft.

Kapitel 5

Eine Frage der Reihenfolge -
Was vor Leistung kommt

„Ich finde, Sie können nur eines tun: Carlo entlassen!"

Meine ansonsten freundliche Assistentin ist so richtig in Rage, während ich in der Küche den Wasserkocher auffülle. Eigentlich wollte ich in Sachen Carlo Gröger einfach kurz meine Ruhe haben. Aber Stefanie Heil hat mir heute Morgen schon aufgezählt, was bei Carlo alles schiefläuft. Offensichtlich kochen die Emotionen zu hoch, als dass ich mir hier in der Küche in Ruhe einen Tee machen könnte.

Gut, wir haben also ein Problem.

Carlo Gröger war seit zwei Monaten Projektleiter bei uns. Und er vermochte die denkbar unmöglichsten E-Mails zu formulieren. Schachtelsätze, langatmige komplizierte Formulierungen, Hauptbotschaften im PS versteckt – oder im letzten Satz. Das machte die Kommunikation extrem schwierig, war aber noch nicht alles.

Mit dem Charme eines Holzklotzes stellte er in seinen E-Mails Forderungen auf, wo Fragen angebracht wären: nach Terminen, Informationen, Auskünften und Unterstützung. Es mutete tatsächlich so an, als müssten ihm selbst Auftraggeber zuarbeiten. „Ich erwarte Ihre Antwort innerhalb der nächsten Stunden!" – Wie konnte man nur auf die Idee kommen, sich einem Kunden gegenüber so barsch zu verhalten? Dieses Verhalten hatte mich echt erschreckt und ich musste diese verfahrene Situation wieder gerade biegen.

Ja, ich könnte ihn feuern, wie es mir meine Assistentin empfohlen hat. Problemlos sogar, denn Carlo Gröger ist noch in der Probezeit. Den Impuls habe ich tatsächlich schon gespürt.

Allerdings gibt es auch gute Gründe, warum ich ihn eingestellt habe. Weil er ein exzellenter Techniker ist. Und zum Zeitpunkt der Einstellung war so viel Kundenkommunikation noch gar nicht vorgesehen.

Überhaupt – wer hat denn Carlo Gröger richtig begleitet bei seinem Start hier im Unternehmen? Irgendwie haben wir ihn scheinbar einfach nur machen lassen, soviel habe ich schon herausbekommen, und jetzt ist die Empörung groß. Haben wir geschaut, was ihm liegt? Oder schauen wir hier gerade nur, was nicht klappt? Was ist meine Verantwortung an dieser Situation? Hapert es bei ihm an der Grundeinstellung oder ist es eher fehlende Technik? Schwierige Fragen für eine Teeküche. „Frau Heil, lassen Sie uns das später klären."

Vorleistung

Die Fragen habe ich tatsächlich später geklärt. Und es war kein leichtes Unterfangen, die Argumente meiner empörten Mitarbeiterin zu entkräften. Denn ist nicht Leistung das, was ein Mitarbeiter verspricht, in dem Moment, in dem er den Arbeitsvertrag unterzeichnet? Ich persönlich halte nicht so viel vom Leistungsbegriff, der Begriff ist auf Arbeit gerichtet, wie ein Professor mal im Studium zu uns sagte: „Leistung ist Arbeit pro Zeit, physikalisch ist das richtig. Tatsächlich geht es aber nur um Ergebnisse und nicht um die Arbeit, das ist ein Riesenunterschied." Über das Prinzip muss man nicht diskutieren: Geld gegen Ergebnisse, das ist absolut klar. „Und deshalb können Sie als Chef auch erwarten, dass was Nützliches rauskommt", die Meinung meiner Assistentin hat durchaus ihre Berechtigung. Das kann ich auch nicht beiseite wischen. Was wäre, würde ich dieses Prinzip nicht verfolgen? Über kurz oder lang wären wir pleite. Dann würden wir für unsere Kunden keinen Nutzen mehr erzeugen und unser Unternehmen hätte keine Daseinsberechtigung mehr. Das wäre das Ergebnis, konsequent zu Ende gedacht.

Eine eindeutige Richtung also, die man nach diesem Prinzip bei Mitarbeitern wie Carlo Gröger einzuschlagen hat. Fakt ist allerdings: Er ist heute noch im Unternehmen.

Tatsächlich ist die Beurteilung eines Mitarbeiters nämlich nicht so simpel. Einen Mitarbeiter lediglich einzustellen und dann zu erwarten, dass er *funktioniert*, dass er *liefert*, ist eine ziemlich unrealistische Vorstellung. Ein Mitarbeiter braucht einen Mentor, persönliche Entwicklung, er braucht Führung und Feedback. Bei einem neuen Arbeitgeber braucht es besonders viele Orientierungshilfen. Er muss wissen, wo er steht, welche Erwartungen es gibt, welche konkreten Aufgaben und Möglichkeiten er hat und was seine Perspektive sein kann.

Ich gehe soweit zu sagen, dass man zu Beginn keine Ergebnisse erwarten *darf*, die das Gehalt kompensieren. Es gibt etwas, das *vor* der Leistung kommt: die Vorleistung des Chefs nämlich.

Es gibt etwas, das vor der Leistung kommt: die Vorleistung des Chefs.

Ich bin mir auch sicher, dass Sie dies bereits bis zu einem gewissen Grad tun: Bevor Sie einen Mitarbeiter einstellen, nehmen Sie sich Zeit, den für die Position und das Team passenden Kandidaten zu finden. Dann nehmen Sie sich Zeit, den neuen Mitarbeiter im Unternehmen einzuführen, helfen ihm beim Überblick über die anstehenden Projekte sowie Aufgaben und machen ihm den Kontext deutlich: Wie sieht die Unternehmenskultur aus? Welche Werte stehen im Mittelpunkt? QM-System und Unternehmensprozesse, bei welchen Fragen kann wer weiterhelfen? Welche Aufgaben und Ziele, Ergebnisse sind definiert? Außerdem klären Sie die Erwartungen und vergewissern sich, dass Sie das alles auch verständlich kommunizieren. Sie fragen auch, was der Neue verstanden hat, um Missverständnisse zu vermeiden. Selbstverständlich sorgen Sie auch dafür, dass Ihr Mitarbeiter alles bekommt, was er für seine Arbeit braucht: Material, Know-how, Zeit.

Ich weiß, dass Sie dies alles bereits wissen und auch tun, also in Vorleistung gehen. Aber das ist noch nicht die Vorleistung, die ich meine!

Gedacht und nicht getan

Ich bin in diesem Leadership-Seminar mit zehn Führungskräften, lauter Alphatypen, die ihre Führungskompetenz verbessern wollen. Den Gesichtern nach wird es bei einigen aber auch eher ein *Sollen* sein. Ich vermute schwer, dass so manche nicht freiwillig hergekommen sind. Die HR-Abteilungen lassen grüßen.

Allerdings ist es auch kein Wunder, dass einige Teilnehmer unverhohlen lustlos sind. Es soll heute nämlich nicht um das gehen, was Alphatypen gemeinhin beschäftigt – und da nehme ich mich nicht aus: sie selbst. Es soll um andere gehen, darum, Mitarbeiter zu verstehen, um sie besser führen zu können und in der persönlichen Entwicklung schneller nach vorne zu bringen. „Heute üben Sie, sich selbst weniger Bedeutung zu geben", bereitet uns die Seminarleiterin in der Begrüßung vor.

Mein bereits vorhin zugewiesener Übungspartner gehört zum Typ „Unverhohlen lustloser Teilnehmer". Er wird wohl Mitte Vierzig sein. Mit sichtbarem Stolz erzählt er mir von seiner Personalverantwortung. Mehrere 100 Mitarbeiter habe er, und dass er für ein DAX-Unternehmen tätig sei. Weil seine Haltung innerlich und sogar äußerlich passt, nenne ich ihn für mich Herrn Ego Zuerst.

In der ersten Übung sollen Ego Zuerst und meine Wenigkeit trainieren, dem jeweils anderen Fragen zu stellen. Es geht darum, die Werte des Gegenübers zu erkennen, um den anderen generell besser zu verstehen. „Genau das können Sie dann auch für Ihre Gespräche mit den Mitarbeitern nutzen", erklärt die Seminarleiterin noch. „Üben Sie es oft. Es ist gar nicht so leicht, wie Sie denken." Mein Übungspartner schmunzelt und raunt mir ein „Ponyhof" zu. Meint er, die Übung sei nicht schwer – oder etwa, das Ganze hier sein nicht ernst zu nehmen?

Nun gut, ich soll ihn kennenlernen. Also stelle ich ihm Fragen: „Was ist Ihnen wichtig bei Ihrer Arbeit? Was ist Ihnen wichtig in der Zusammenarbeit mit anderen? Was wäre für Sie ein Grund, ein Unternehmen zu verlassen? Welche Ihrer beruflichen Leistungen haben Sie besonders stolz gemacht? An was aus Ihrem privaten Bereich denken Sie mit Stolz zurück?"

Die Antworten ergeben das Bild eines disziplinierten, sportlichen und wettbewerbsorientierten Menschen, dem es sehr wichtig ist, das Heft in der Hand zu halten. Mit Menschen hingegen beschäftigt er sich nicht gern, zumindest nicht, um sie zu verstehen.

Ich frage weiter und entwickle ein Werteprofil, das mein Gegenüber ziemlich treffend findet. Um nicht zu sagen, er ist richtig angetan:

„Kompliment. Sie haben meine Werte sehr gut erkannt. Die Übung ist sensationell! Ich werde auf jeden Fall meine Mitarbeiter informieren."

Habe ich richtig gehört? Das Ponyhof-Spiel hat bei meinem Partner Interesse geweckt?

Doch dann sagt er: „Die Werte, die Sie genannt haben, gebe ich an meine Mitarbeiter weiter. Damit sie mich besser verstehen. Dann klappt das mit der Zusammenarbeit."

Okay, denke ich, das war nicht ganz Sinn und Zweck der Übung. Seine Leistung fällt eher in die Kategorie „Thema verfehlt, 6, setzen". Er ist nicht nur ein Alphatyp, er ist die Steigerung davon. Sein Ego steht dermaßen im Zentrum, dass nicht einmal der Gedanke, jemand anderen wahrzunehmen, bei ihm angekommen ist. Er hat nicht einmal das Prinzip der Übung verstanden.

Wer verstanden werden will, muss erst verstehen

Mit der Wahrnehmung ist es wirklich so eine Sache. Was der eine wahrnimmt, muss der andere noch längst nicht sehen. Und als Akademiker wird uns die Wahrnehmung regelrecht abtrainiert, je intellektueller, desto schwieriger ist es häufig. Darum gibt es auch so viele Bücher über das JETZT.

Und beim Verstehen wird es dann richtig kompliziert. Es gibt das, was gesagt wird, und das, was wir verstehen. Letztlich verrät das, was wir Menschen wie verstehen, ziemlich viel über uns. Bei sehr starken Überzeugungen ist unser Unterbewusstes sehr kreativ und lässt uns gerne das verstehen, was zur eigenen Ansicht passt. Wir interpretieren, wir bewerten, statt in der Wahrnehmung zu bleiben, in der Situation zu sein. Dieser Mechanismus hat im Führungskräfteseminar bei meinem Übungspartner seine ganze Macht entfaltet, die Botschaft wurde ins Gegenteil verkehrt. Sich selbst aus dem Fokus nehmen, das konnte seiner Weltsicht nach einfach nicht sein.

Natürlich ist das Beispiel extrem, dennoch steht es für ein Grundproblem: In der Regel ist es für Chefs alles andere als selbstverständlich, andere interessiert wahrzunehmen, andere überhaupt verstehen zu wollen. Sie wollen offene Mitarbeiter – sind es aber selbst nicht in letzter Konsequenz. Sie wollen Mitarbeiter, die sie verstehen – kommen aber nicht auf die Idee, dass auch sie die Mitarbeiter verstehen sollten. Sie wollen, dass die Mitarbeiter vertrauen – doch sie selbst vertrauen nicht all ihren Leuten gleichermaßen. Deswegen haben sie auch so daran zu knabbern, das Prinzip der Vorleistung mit aller Konsequenz zu leben.

> Für Chefs ist es alles andere als selbstverständlich, andere interessiert wahrzunehmen, andere überhaupt verstehen zu wollen.

→ Als Chef will ich verstehen, Mitarbeiter wollen verstanden werden.
→ Hat etwas nicht funktioniert, frage ich zunächst nach meinem Anteil, meiner Verantwortung. Was muss ich verändern?
→ Nicht meine Talente und Werte sind maßgeblich, sondern die des anderen.
→ Bevor ich Vertrauen erhalte, muss ich Vertrauen schenken.
→ Ich verstehe die Werte, Talente, Motive des anderen, bevor ich verstanden werden will.

Wie geht es Ihnen mit solchen Gedanken? Sind sie befremdlich für Sie? Wie ist das bei Ihnen? Nicht nur beruflich, sondern auch privat? Gehen Sie in Gespräche und denken: Ich möchte dich verstehen? Oder eher: Verstehe du erstmal mich? Aber es geht noch weiter. Wer hat bei seinem Gegenüber – beruflich wie privat – nicht schon einmal die Haltung erlebt: „Verändere dich!" Nichts mehr mit „Ich will verstehen, was kann ich selbst verändern?".

Wenn Sie sich hier eher bei jenen einordnen, die verstanden werden wollen, kann ich nur sagen: Willkommen im Club! Ich wage zu behaupten: Alle Führungskräfte wollen in erster Linie verstanden werden. Der Verzicht darauf ist für sie eine der härtesten Nüsse schlechthin.

Ich spreche aus Erfahrung, denn auch mich blickt morgens im Spiegel jemand an, für den es jedes Mal ordentlich Arbeit ist, bewusst den Standpunkt eines anderen einzunehmen. Dennoch lohnen sich die Anstrengungen.

Smalltalk-Gespräche, bei denen der andere zum Stichwortgeber für die eigenen Geschichten degradiert ist, verkommen nicht selten zu „Pingpong-Monologen". Diese wechselseitige Einseitigkeit erstickt dann das, was menschlichen Austausch an sich wertvoll macht: mit anderen Menschen in echten Kontakt zu kommen, Neues zu lernen, seinen Blickwinkel zu verändern, den Horizont zu erweitern. Interesse und überhaupt die Absicht, sein Gegenüber erstmal wahrzunehmen.

In meiner Firma bemühe ich mich deshalb, vor allem Fragen zu stellen. Sie sind der Weg, etwas über den anderen zu erfahren, ihn kennenzulernen. Das ist nicht ein Ponyhof-Thema, es ist ein Führungsthema allerersten Ranges.

Wenn ich als Führungskraft nicht weiß, was meine Mitarbeiter für ein Leben führen, und nicht verstehe, was ihnen wichtig ist, dann habe ich ein Problem. Ich verschenke Potenzial, ich erkenne ihre Talente nicht, ich spreche sie völlig falsch an, ich führe an den Bedürfnissen und Motiven vorbei.

Der frisch gebackene Doktor von 30 Jahren beginnt beispielsweise in der Firma und will in der Wirtschaft richtig durchstarten. Dass er solche Ambitionen hat, sollte ich wissen. Da stecken viele Entwicklungsmöglichkeiten drin. Eine Win-win-Situation, ihn mit ambitionierten Projekten zu betrauen!

Oder dass die Frau eines 30-jährigen Mitarbeiters vor zwei Monaten Zwillinge geboren hat, sollte mir als Chef ebenfalls bekannt sein. Denn diesem Mitarbeiter schwirren gerade nur noch seine zwei entzückenden Töchter durch den Kopf. Familie und Sicherheit, das sind seine Top-Werte im Moment. Ganz klar ist, dass er außen vor ist, wenn es um Auslandsprojekte geht.

Das ist so simpel, eigentlich das Einfachste von der Welt, aber ist es auch selbstverständlich? Kennen wir alle die Werte unserer Mitarbeiter, was diesen wirklich wichtig ist? Leider nicht! Denn in der Tat klappt bereits das in vielen Unternehmen nicht. Dafür gibt es Belege. Untersuchungen haben herausgebracht, dass sich jeder zweite Mitarbeiter in deutschen Unternehmen vom Chef nicht verstanden fühlt, er fühlt sich nicht erkannt, in seinen Potenzialen nicht geschätzt und mit dem, was ihm wichtig ist, nicht ernst genommen. Was für eine Verschwendung von Erfolgschancen.

Ein Mitarbeiter, der seinen Talenten entsprechend performen kann, blüht nämlich auf, er steigert sich, er entwickelt Selbstbewusstsein und Energie. Bestenfalls gerät er in den Flow und wächst über sich selbst hinaus.

Für mich gehört es zu den großen Momenten, einen Mitarbeiter zu sehen, der sich in all seinen Möglichkeiten entfaltet. Jemand, der inspiriert ist und inspirierend wirkt, der seine Rolle nicht nur gefunden hat, sondern zudem voller Elan ausbaut – und damit auch dem Unternehmenserfolg nützt.

Der Schlüssel dazu? Ganz einfach – und offenbar doch so schwer: Interesse und Verstehenwollen! So schwer, weil es dabei um die innere Haltung geht.

Erst wenn ich meine Mitarbeiter kenne, kann ich mir ein Bild von ihren besonderen Talenten machen. Erst dann kann ich sie optimal einsetzen und kann sie unterstützen, Höchstleistungen zu erbringen. Und dazu ist eben der Wille, sie zu verstehen, nötig. Deshalb ist das Interesse an meinen Mitarbeiter eine unabdingbare Vorleistung, die ich als Chef bringen muss.

> Erst wenn ich meine Mitarbeiter kenne, kann ich mir ein Bild von ihren besonderen Talenten machen. Erst dann kann ich sie optimal einsetzen.

Allerdings ist mein Job als Chef damit noch nicht getan. Es geht noch weiter, es geht um noch mehr.

Wenn der Fischkopf stinkt

„Wissen Sie, Herr Osthus, in meinem Job ist die Diagnose nicht schwer. Wenn ich irgendwohin gerufen werde, dann stinkt der Fisch vom Kopf her. Das steht von Anfang an fest. Die Herausforderung allerdings ist: Wie bringe ich dem Kopf das bei? Das ist der wirklich heikle Punkt."

Eins musste ich dem Berater lassen. Rückgrat und Mumm hatte er. Er sagte mir mehr oder weniger durch die Blume, es liege an mir.

Es liegt an mir, dass der Change-Prozess im Unternehmen gerade nicht vorankommt? Es liegt an mir, dass sich das verantwortliche Projektteam wie gelähmt verhält? Es liegt an mir, dass es keine Entscheidungen trifft und im Diskurs verharrt? Es liegt an mir, dass uns die Zeit im Nacken sitzt?

Zwar bin ich gewohnt, bei Konflikten und Problemen nach meinen Anteilen zu schauen. Nur in diesem speziellen Fall wollte sich mir der Zusammenhang nicht erschließen. Denn es war der Technikbereich, um den es ging. Das Projektteam war dem Projektleiter dort unterstellt. Insofern fand all das gar nicht unter meinem unmittelbaren Einfluss statt. Dennoch war es wichtig für das gesamte Unternehmen, dass wir in dem Prozess vorankamen.

„Wissen Sie", fuhr der Berater fort, „wir sollten konkret das Thema Vertrauen angehen. Da gibt es ein riesiges Defizit in Ihrer Firma. Ohne Vertrauen geht es nicht, weil niemand loslässt, niemand etwas in der Ausführung überträgt. Was der Fischkopf damit zu tun hat, können vielleicht Sie mir erklären." Das war ein Schrecken für einen Unternehmer, der genau das in sein Wertebuch geschrieben hat.

Stunden später verschaffte ich mir Luft auf dem Laufband. Und wie so oft war die Lösung plötzlich einfach da. Meine Assistentin hatte mich vorher noch nach den Tagesordnungspunkten für die Abteilungsleiter-Konferenz gefragt, und da fiel es mir wie Schuppen von den Augen. Klar, zwar hatte ich mit dem Projektteam für technische Change-Prozesse nichts zu tun. Aber der Technik-Leiter saß natürlich in meiner Abteilungsleiter-Konferenz. Und die, die plante ich auch dieses Jahr *en détail* höchstpersönlich. Ich war ein Chef, der nicht loslassen konnte. Ich war derjenige, der sich einmischte. Was für eine furchtbare Erkenntnis.

Waren wir nicht längst zu groß, als dass ich allein alle relevanten Themen im Auge haben konnte? Mussten nicht eigentlich die Abteilungsleiter entscheiden, was es zu besprechen gab? Ich nahm mit der Festlegung der Agenda, der Definition des Zieles und anderer Rahmenbedingungen alles vorweg. Wie viel Vertrauen hatte ich eigentlich wirklich, dass die Konferenz auch ohne mein Zutun gut werden konnte? Ich, ein Chef, der nicht loslassen konnte – in der Psychologie nennt man solche Momente der Erkenntnis einen Durchbruch.

Sofort in der nächsten Besprechung habe ich die Regieverantwortung für die Abteilungsleiter-Konferenzen abgegeben. Drei Jahre später ist unumstößlich klar, dass das eine meiner besten Entscheidungen überhaupt war. Nicht nur, dass die Konferenzen produktiv und zielgerichtet laufen, auch wenn ich meine Hand nicht darauf habe. Sobald ich mich aus den Inhalten herausgehalten habe, kamen die Konferenzen in Fahrt. Klar, es hat die ersten Jahre geruckelt und zwar nicht wenig.

Heute sind zwei der Abteilungsleiter meine Mit-Geschäftsführer. Sie haben sich getraut, mit den Abteilungsleitern für dieses Jahr Ziele zu vereinbaren, die ich nie zu definieren gewagt hätte. Sie liegen meilenweit über dem, was ich mir vorstellte.

Vertrauen als Vorleistung

Wenn ich vertraue, kann ich loslassen. Kann Entscheidungen delegieren, ohne jeden Schritt zu kontrollieren. Kann auf meine Mitarbeiter bauen. Mit dem Vertrauen in Vorleistung zu gehen, ist ein entscheidender Schritt, um Mitarbeiter zu ermächtigen. Ich wüsste nicht, wie Empowerment sonst funktionieren sollte. Allerdings, und das kenne ich von mir nur zu gut, müssen Chefs dieses Vertrauen oftmals erst mühsam lernen. Sie müssen sich trauen, zu vertrauen.

Chefs müssen sich trauen, zu vertrauen.

Mir hat die Einsicht geholfen, dass Vertrauen der Kitt ist, der ein Unternehmen zusammenhält und erfolgreich macht. Und diese Einsicht hat sich bestätigt:

→ Mit Vertrauen in die Mitarbeiter klappt das Zusammenspiel in Abteilungen besser, die Produktivität wir höher und die Arbeitsatmosphäre stimmt. Das senkt überdies die Fluktuation.

→ Mitarbeiter, denen Vertrauen entgegengebracht wird, arbeiten angstfreier und damit beflügelter. Fehler und Probleme werden im Unternehmen mit gelebter Vertrauenskultur offener angesprochen und diskutiert. So wird eine Verbesserungskultur möglich, der Schlüssel für ökonomisches Wachstum.

Es ist sogar so, dass Ihr Vertrauen den Mitarbeitern mehr Vertrauen gibt, als diese selbst haben. Dieses Zutrauen ist die grundlegende Voraussetzung, dass Mitarbeiter über sich selbst hinauswachsen können. Wie sollten sie sonst etwas erreichen, was sie selbst noch gar nicht sehen können? Es geht genau um die Potenziale, die noch nicht in Ergebnissen sichtbar sind, die versteckten Diamanten in jedem von uns. Sie gewinnen dadurch starke Mitarbeiter, die hochgesteckte Ziele erreichen.

> Zutrauen ist eine grundlegende Voraussetzung, dass Mitarbeiter über sich selbst hinauswachsen können.

Ohne Vertrauen läuft es nicht, auch außerhalb der Firma. Bei Partnern wie bei Kunden. Ein Kunde, der misstraut, ist für ein Unternehmen kein Gewinn, sondern bringt sehr wahrscheinlich ein Verlustgeschäft mit sich. Stellen Sie sich nur einen Projektleiter vor, der vor einem misstrauischen Kunden jeden Handgriff rechtfertigen muss. Wenn der Kunde nicht vertraut, wird in Ihrem Unternehmen mehr dokumentiert und erklärt als letztendlich verdient.

Vertrauen schafft Geschwindigkeit im Unternehmen und in jeder Zusammenarbeit. Den Gewinn an Effizienz und Effektivität dafür können wir messen, der ist riesig. Misstrauen hingegen bremst aus, weil es mit übertriebener Kontrolle einhergeht. Deshalb ist Vertrauen die Basis von Zusammenarbeit. Das gilt in alle Richtungen. Das gilt auf allen Ebenen. Das gilt ohne Wenn und Aber.

Aber wie können Sie anfangen, Vertrauen als Grundprinzip in Ihrem Unternehmen zu verankern, wenn Sie dieses Prinzip bislang noch nicht gelebt haben? Gibt es da einen Schalter, den Sie umlegen können, und ab morgen haben Sie eine Vertrauenskultur? Natürlich nicht, denn diese Kultur ist ein Prozess. Aber es gibt Wege, um an diesem Ziel zu arbeiten. Der erste Schritt ist, dass Sie als Chef anfangen, mit Ihrem Vertrauen in Vorleistung zu gehen. Dass Sie also Ihren Mitarbeitern Vertrauen schenken – ohne etwas zurückzuerwarten.

Nur wenn Sie bedingungslos vertrauen, gehen Sie mit dem Vertrauen wirklich in Vorleistung. Alles andere wäre ein Deal. Wie ein Tausch. Geben, mit der Erwartung, etwas zurückzubekommen. Ein Geschäft wie Leistung und Bezahlung. Aber keine Vorleistung!

Es geht darum, zu geben, *ohne* etwas zurück zu erwarten. Ob es ein echtes Geben ist oder ob Sie nur geben, um etwas zurückzubekommen, spürt Ihr Gegenüber nämlich sofort. Wenn Sie von einem Leistungs-Gegenleistungs-Geschäft ausgehen, wird es über kurz oder lang nicht funktionieren.

- -

Es geht darum, zu geben – und zwar ohne etwas zurückzuerwarten.

- -

Zwar gibt es den psychologischen Mechanismus der Dankesschuld, der in der Wirtschaft oft genug zur Anwendung kommt. Wenn Marketingabteilungen kostenlose Produktproben in die Welt streuen, dann tun sie das nicht aus Großzügigkeit, sondern mit Blick auf die Dankesschuld. Menschen, die etwas erhalten haben, sind automatisch willig, etwas zurückzugeben, um das Gleichgewicht zwischen Geben und Nehmen wiederherzustellen. Denn sie wollen niemandem etwas schuldig sein. Das ist der Grund, warum wir auch nach Kostproben auf dem Markt schnell bereit sind, das Portemonnaie aufzumachen – auch für kostspielige Spontankäufe.

Allerdings darf die Berechnung nicht ersichtlich sein, sonst erhält das vermeintliche „Geschenk" den bitteren Beigeschmack der Manipulation. Sehr offensichtlich wird bei Kaffeefahrten mit der Dankesschuld gespielt. Die Fahrten sind zwar umsonst, trotzdem besitzen sie kein gutes Image. Warum? Weil sie durch die Verkaufsveranstaltung, die damit verbunden ist, den Beigeschmack der Erpressung tragen.

Wenn eine Führungskraft wie ein Kaffeefahrtverkäufer gesehen werden möchte, dann empfiehlt es sich für sie, mit berechnendem Kalkül in Vorleistungen zu gehen. Am besten baut er Erwartungen folgender Art auf:

„Ich bin ein Vorbild, deswegen müssen alle anderen wie ich agieren!"

„Ich gebe Vertrauen, weswegen ich Vertrauen erwarten kann!"

„Ich habe verantwortungsvoll in euch investiert, also müsst ihr auch Verantwortung tragen!"

Dass dies eher Druck aufbaut als Vertrauen, ist mehr als deutlich. Also nochmal: Vertrauen *schenken* tun Sie nur, wenn Sie die Gegenleistung *nicht* erwarten, sondern es ernst meinen. Wenn Sie nicht aufrichtig sind, wenn Sie berechnend in Vorleistung gehen, wird man Ihnen dies anmerken.

Ich erinnere mich beispielsweise gut an eine Wohngemeinschaft in meiner Studentenzeit. Tief eingebrannt sind die Erinnerungen an einen Mitbewohner, der sich gerne freiwillig für den Einkauf meldete. Er fuhr mit dem Auto weg, kam zurück, klingelte uns alle zusammen und ließ uns den Einkauf in die Wohnung schaffen – immerhin hatte er ja bereits einen Teil der Arbeit erledigt, da sollte Hochtragen eine Selbstverständlichkeit sein. Nach dem Motto: Ich habe eingekauft, jetzt hat jemand die Pflicht, es auszuladen. Was ist denn das bitte für ein Gefallen?

Bereits da empfindet man als Beteiligter keine Dankbarkeit mehr, sondern ist nur noch genervt. Man ist in etwas verwickelt, das man selbst gar nicht auf den Weg gebracht hat. Und vor allem gerät man in eine zeitliche Abhängigkeit: Die Tiefkühlkost muss JETZT in den Kühlschrank! Ich meine: Entweder der, der sich freiwillig meldet, erledigt die Aufgabe komplett, oder er lässt es sein.

Ob Sie allerdings wirklich bedingungslos in Vorleistung gehen, können nur Sie selbst wissen. Dazu müssen Sie sich erforschen:

→ Gebe ich, vertraue ich bedingungslos, ohne Erwartungen? Oder rechne ich insgeheim doch mit einer Gegenleistung, nicht sofort, aber doch eben irgendwann?

→ Könnte es nicht sein, dass ich doch enttäuscht bin, wenn ich das, was ich irgendwo in mir erhoffe, nicht genauso zurückerhalte?

Oft denken Sie: Ja, ich vertraue. Und nein, ich erwarte nichts! Und merken erst später, dass Sie doch nicht ganz bedingungslos gehandelt haben. Denn das Tauschdenken sitzt tief. Das sage ich aus Erfahrung.

Kein Dankeschön?

Es war genau heute vor einem Jahr: der Notartermin, an dem offiziell beglaubigt wurde, dass meine zwei überragenden Mitarbeiter ab jetzt als Geschäftsführer neben mir agieren würden. Ich fühlte mich befreit und zufrieden. – Dieser Zustand hielt ungefähr zehn Minuten an.

Dann geschah etwas, das mein Ego auf den Plan rief, und zwar massiv. Als ich im benachbarten Restaurant mit meinen neuen Kompagnons zur Feier des Tages anstieß, sagte ich so etwas wie: „Glückwunsch zur Geschäftsführung! Und danke für euer Vertrauen! Wir haben viele Jahre hinter uns, teilweise eine echte Achterbahnfahrt. Ich bin dankbar dafür, dass ihr dabei zu mir gehalten habt – in guten wie in schwierigen Zeiten."

Ich hebe das Champagnerglas. Der eine Kompagnon sagt: „Danke dir, Torsten. Es war nicht immer leicht, aber du hast mir immer wieder Türen geöffnet. Und mich dabei unterstützt, durchzugehen. Hättest du das nicht gemacht, wäre ich heute nicht da."

Das hat mich berührt und ich war dankbar für diese Rückmeldung. Jetzt waren wir schon zu zweit mit dem Glas in der Hand. Nur der dritte im Bunde machte noch keine Anstalten, anzustoßen. Aus der anderen Richtung hörte ich nun:

„Herzlichen Glückwunsch, Torsten. Dass wir dabei sind, davon profitierst ja vor allen Dingen du."

Das saß. Das fühlte sich an wie eine kraftvolle Ohrfeige. Und kam bei mir so an, als wenn meine Frau bei unserer Hochzeit auf mein „Ich liebe dich" erwidert hätte: „Das würde ich an deiner Stelle auch sagen. Du hast ja auch immenses Glück, dass jemand wie ich zu dir Ja sagt!"

Jetzt saßen wir da mit unseren Champagnergläsern in der Hand. Wir stießen an, aber die Luft war raus. Ich versuchte mir nichts anmerken zu lassen.

Ich war enttäuscht.

Richtig enttäuscht.

Jahrelang lege ich mich ins Zeug, fördere meine besten Leute, gebe ihnen Chancen und jetzt ermögliche ich ihnen auch noch die höchste Position im Unternehmen. Und da kommt nicht einmal ein „Danke"?

Aber ich konnte nicht so richtig fassen, was es genau war, worüber ich so enttäuscht war. Wir hatten noch einen schönen Abend, aber ich fühlte dennoch eine Leere in mir.

Nachdem ich am Abend darüber nachgedacht hatte, gewann ich schließlich die Klarheit, sowohl die Gründe meines Kollegen zu verstehen als auch meine eigenen, und das gab mir die nötige Distanz und Freiheit. Ich hatte wieder etwas gelernt: Echte Vorleistung, echtes Vertrauen, echtes Empowerment bedeutet, wirklich nichts zu erwarten. Noch nicht einmal ein „Danke". Das ist Freiheit. Eine Führungskraft muss lernen, ihre Erwartungen rauszunehmen. Nur dann kann sie ernsthaft und bedingungslos in Vorleistung gehen.

Das ist eine wahnsinnig schwere Aufgabe. Ich übe mich seit Jahren darin und es wird wohl nie enden. Doch es ist sehr lohnenswert, sich auf den Weg zu machen! Nur dann nehmen Sie Ihre Verantwortung wahr. Nur dann behalten Sie Macht über die Situation.

Ein Chef, der Erwartungen hegt, ist vollkommen hilflos seinen Emotionen ausgeliefert. Bleiben wir bei dem Beispiel Dankbarkeit. Der Chef spürt bei einem Spruch wie in der Szene mit dem Champagner einen richtigen Schlag in die Magengrube. Er fühlt sich angegriffen und wird vermutlich aggressiv. Schlägt zurück, natürlich verbal, versteht sich. Und macht im Extremfall sogar in Nullkommanichts eine Beziehung kaputt, die er über Jahre aufgebaut hat.

Aber hier ist der Punkt: Zwischen Reiz und Reaktion liegt unsere Freiheit, zu entscheiden. Und die ist entweder so groß wie ein Schwimmbad oder wie ein Schnapsglas. Wie groß Ihre Freiheit ist, selbst mit heftigen Situation umzugehen, wie konstruktiv Sie in schwierigen Momenten bleiben, wie gut Sie sich zurückhalten können, hängt vor allem davon ab, inwiefern Sie es schaffen, bedingungslos zu agieren.

Wenn diese Freiheit, der Raum zwischen Reiz und Reaktion, groß genug ist, dann sind Sie in der Lage zu sehen, dass ein Mitarbeiter, der es nicht schafft, sich zu bedanken, vielleicht eine Verletzung trägt. Dann sehen Sie, dass er Sie nicht angreifen möchte, sondern dass er lediglich nicht so weit ist, Wertschätzung ausdrücken zu können. Dass er sie vielleicht noch gar nicht spürt.

Und so war es übrigens auch in meinem Fall. Mein Mitarbeiter brauchte Zeit. Und ich brauchte Geduld. Als ich keine Erwartungen mehr hatte, kam die Überraschung. Das „Danke" von meinem Geschäftsführer.

Ja, gute Leistungen der Mitarbeiter setzen Beziehungsarbeit voraus. Denn kompetent genug sind die Beteiligten in der Regel ja. Toi, toi, toi, mir passiert es höchst selten, dass ich in fachlicher Hinsicht bei der Mitarbeiterauswahl danebenliege. Die tatsächliche Herausforderung der Führung ist nicht die Sach-, sondern die Beziehungsebene. Und der Punkt ist eben: Um auf der Sachebene Leistung zu sehen, müssen Sie als Chef die Beziehungsebene im Griff haben.

Es ist geradezu verrückt, wie sich auch im Geschäftsleben die Beziehungsebene querstellt. Ein ganz einfaches Beispiel dazu: Worum geht es denn im Flurfunk allzu gerne? Um die empfundene Rücksichtslosigkeit der anderen: Warum spült Herr Maier seine Kaffeetasse nicht ab? Warum hat der Chef erst wieder in letzter Sekunde von dem Meeting erzählt? Hier passiert es, dass sich Gefühle hochschaukeln – das macht es so heikel.

Lässt man sich auf der Beziehungsebene auf Scharmützel ein, kann ein erbitterter Kampf entstehen. Als Chef müssen Sie die Ebene im Griff haben und Ihr Ego auch. Dreimal durchatmen, im Zweifelsfall auch dreihundert Mal. Beziehungskämpfe verletzter Egos kosten viel Zeit und viel Energie. Es gibt wenig, was es stärker zu meiden gilt.

Erwartungen sind dabei übrigens ein perfekter Weg, um zu einem verletzten Ego zu kommen. Deswegen: von keinem Dankeschön ausgehen, das habe ich mir gemerkt. Bedingungslos bleiben in jeder Hinsicht.

Und dann, dann läuft alles rund? Dann ist es geschafft mit dem starken loyalen Mitarbeiter? Nun, das möchte ich nicht behaupten. Die Haltung der Vorleistung kann auch nach hinten losgehen. Das nicht im Blick zu haben, wäre naiv.

Was für eine Frau!

„Ich bin so immens enttäuscht!" Mein Freund Christian sieht ziemlich zerstört aus. Wir sitzen an der Bar und trinken ein Bier. Es geht um eine Frau. Allerdings keine Liebschaft, sondern Christians frühere Assistentin.

Nach annähernd zehn Jahren hat sie sich wieder in seiner Firma gemeldet. Mutterschutz, Elternzeit, wieder Mutterschutz, wieder Elternzeit, es war gehörig Zeit ins Land gegangen. Frieda Marquardt, seine ehemalige Assistentin, hatte bislang auch nie eine Rückkehr angedeutet. Sie war nach wie vor zu den Weihnachtsfeiern eingeladen, aber dort erzählte sie nur von ihrem Glück mit den drei Kindern.

Dass Sie sich vor ein paar Tagen gemeldet hat, um per Mail ziemlich barsch den Anspruch auf ihren Arbeitsplatz geltend zu machen, das kam überraschend.

„Nach fast zehn Jahren setzt sie uns die Pistole auf die Brust. Gleich mit dem Hinweis auf die entsprechenden Gesetze, mit denen sie ihr Recht einklagen könnte. Bereits da war ich eigentlich fertig mit ihr", sagt Christian. „Doch ehe die Firma sich darüber Gedanken machen konnte, war schon die nächste Mail im Posteingang. Darin erklärte sie, dass sie von diesem Anspruch auch bereit wäre zurückzutreten. Man müsste ihr lediglich eine Abfindung im fünfstelligen Bereich zahlen. Und dann, ja, dann kam die Nachricht, die nicht für uns gedacht gewesen war", erzählte Christian kopfschüttelnd.

Es war eine Nachricht von Peter Marquardt an seine Frau, die sie vergessen hatte, aus der E-Mail an Christians Firma zu löschen. Keine Kompromisse sollte sie eingehen und alles Mögliche bei Christian herausholen.

„Niemand dort weiß, dass wir inzwischen in Süddeutschland leben. Lass dich bei der Abfindung nur nicht drücken", so stand es Schwarz auf Weiß in der Mail.

Christian war immer noch fassungslos.

„Alles war ein abgekartetes Spiel."

Sie konnte und wollte ihren alten Job gar nicht mehr annehmen, aber noch etwas abstauben.

Christian schüttelte den Kopf, ich ebenso. Wir schwiegen eine Weile und dann fragte er:

„Torsten, wie kann es sein, dass meine ehemalige Assistentin mich dermaßen über den Tisch zieht? Weißt du, ich bin auf so vielen Ebenen, vor allem aber menschlich enttäuscht. Wir haben uns im Unternehmen zu jeder Kindesgeburt den Kopf zerbrochen. Was schenken wir ihr? Fotoshooting-Gutschein, Windelpyramide? Babyschwimmkurse sind es dann geworden. Wir haben es wirklich gut gemeint. Und dann werden wir vorgeführt. Ist das die Quittung, die man bekommt, wenn man ein menschlicher Chef ist? Wenn man den Mitarbeitern vertraut? Wird man ausgenutzt und für dumm verkauft?"

Die Moral von der Geschicht

Eine gute Frage, die Christian in der Raum gestellt hat: Wird man ausgenutzt und für dumm verkauft, wenn man als Chef seinen Mitarbeitern freundlich und offen begegnet? Was ist die Moral von einer Geschichte wie der von Frieda Marquardt?

Die Moral ist ziemlich einfach. Sie besteht in der Erkenntnis, dass es bei manchen Menschen einfach keine Moral gibt. Punkt, aus, basta. Da gibt es nichts zu beschönigen, da gibt es nichts zu relativieren. Und aus so etwas muss man auch seine Konsequenzen ziehen.

In Christians Unternehmen wurden daraufhin die Arbeitsverträge geprüft. Und natürlich gab es nach diesem Vertrauensbruch prinzipiell keine Basis mehr für eine Zusammenarbeit.

Dennoch, und das finde ich stark, hat sich in Christians Firma durch den Vorfall nichts geändert, was die grundsätzliche Haltung gegenüber den Mitarbeitern anbelangt. Das sollte es auch nicht. Nur weil einzelne Menschen Vertrauen missbrauchen, bedeutet das ja nicht, dass das Prinzip des bedingungslosen Vertrauens nicht funktioniert. Würde ich dem folgen, gäbe ich solchen Menschen Macht über mich.

Das Schlimme ist jedoch, dass Erfahrungen des Vertrauensmissbrauchs oft dazu führen, dass man sich auf Menschen dieser Art einstellt und keinem mehr vertraut. Darunter haben alle aufrichtigen Mitarbeiter zu leiden, die das Vertrauen mehr als verdient haben.

Unschöne Erfahrungen sind Steine auf dem Weg der Vorleistung. Nicht mehr und nicht weniger. Sie stören, sie sind hinderlich, sie kosten Energie. Aber sie machen den Weg nicht überflüssig. Und ich behaupte nicht, dass der Weg ein leichter ist.

Innerhalb wie außerhalb meines Unternehmens, bei Partnern wie bei Kunden, immer habe ich wahrgenommen, dass das Prinzip der Vorleistung den Erfolg und das Vertrauen vervielfacht, und zwar für alle Seiten. Ohne Vorleistung funktioniert Führung nicht, Empowerment schon gar nicht.

Mathematisch gesehen, würde ich formulieren, ist Vorleistung vielleicht eine notwendige, aber keine hinreichende Bedingung für Empowerment. Doch was gibt es noch?

Kapitel 6

Für etwas Größeres als ich – Wie Sie Ihre Wirkung erhöhen, indem Sie zum Diener werden

Ich bin am Telefon in meinem Büro, auf dem Bildschirm vor mir die Quartalszahlen. In die war ich vertieft, bis vor fünf Minuten der Anruf der Feriore GmbH hereinkam. Herr Feriore meldete sich höchstpersönlich am Telefon, um mich in kürzester Zeit aus der Bahn zu werfen.

„Herr Osthus, Sie wissen, dass Ihr Können bei uns im Haus alle überzeugt hat", so begann das Gespräch. Das war freilich noch nicht der Punkt, der mich aus der Ruhe brachte.

Seit einigen Monaten berieten wir die Firma von Herrn Feriore, wir analysierten die Prozesse im Unternehmen und entwickelten die Architektur und Anforderungen für ein neues IT-System. Dass der Kunde mit unserer Arbeit zufrieden war, ja, das hatten wir schon gespiegelt bekommen; für mich war das Lob deswegen erfreulich, aber nicht neu.

„Wir wollen jetzt die Ausschreibung für die Umsetzung der Software machen, ich weiß, Sie haben ja auch ein solches System, aber für uns geht es um die Frage, ob Sie uns bei der Ausschreibung beraten oder ob Sie ebenfalls Ihr System anbieten. Beides geht natürlich nicht. Was meinen Sie, Herr Osthus?"

Okay, dachte ich. Das ist die 50.000- oder 500.000-Euro-Frage. Von der Antwort hängt ab, ob wir eine halbe Million Umsatz sicher haben. Oder ein Zehntel davon … – Als mir bewusst wird, um wie viel es hier gerade geht, gerät mein Denkprozess ins Stocken.

Herr Feriore fügte noch wenig hilfreich hinzu: „Wenn Sie uns beraten, kann ich Ihnen nicht sagen, ob Sie danach bei der Umsetzung überhaupt noch dabei sind." Die Quartalszahlen auf dem Bildschirm blickten mich an und schienen mir zuzurufen: „Torsten, 500.000, das ist doch klar!" In der Tat: Wenn die in ein paar Monaten eine halbe Million mehr zeigen würden – was für ein Erfolg für unser Unternehmen!

Aber es geht ja in erster Linie um den Nutzen für den Kunden. Also atmete ich einmal durch und machte das einzig Richtige. Ich fragte zurück, wissend, was die Antwort sein würde:

„Herr Feriore, was wünschen Sie sich? Wie sollen wir es machen?"

Schweigen am anderen Ende der Leitung und dann, ja dann kam die bedeutsame Entscheidung.

„Also, Herr Osthus, ich hätte Sie gern nach wie vor als Berater dabei. Ich vertraue Ihnen durch und durch. Und so gerne ich Ihr Unternehmen als Entwickler im Boot gehabt hätte … Als herstellerneutraler Berater sind Sie mir noch wichtiger."

Nun, so waren es also die 50.000 Euro geworden, die Quartalszahlen prangen immer noch auf meinem Bildschirm. Ich klicke sie weg, denn mein Vorgehen war das richtige. Da gibt es keine Zweifel. Kundeninteresse geht vor.

Wunsch und Wirklichkeit

Ein Zehntel Umsatz statt der möglichen halben Million – kann man sich das als Unternehmer wirklich leisten? Wenn Ihnen diese Frage auf der Zunge liegt, dann frage ich Sie zurück: Kann ein Unternehmer es sich leisten, etwas anderes als den Wunsch des Kunden zu erfüllen? Wenn Sie zu den Führungskräften gehören, die Ihren Mitarbeitern sagen, der Kundennutzen sei das oberste Ziel, dann frage ich Sie: Warum sollte das Kundeninteresse plötzlich irrelevant sein, nur weil es um eine hohe Summe geht? Sollte das Prinzip nicht ehern sein, unabhängig von den Zahlen Ihres Unternehmens?

„Der Kunde ist König": Für den Großteil der Unternehmen scheint dieses Credo oberstes Gebot, wenn ich mir die Imagebroschüren, die Werbeplakate und Unternehmenswebseiten dieser Welt anschaue. Oder wenn ich verfolge, mit welcher Ernsthaftigkeit Unternehmen in den Social Media in Austausch mit ihren Kunden gehen, um ihre Meinungen, ihre Wünsche, ihre Bedürfnisse zu erfragen. Soweit zur Theorie der Kundenorientierung. Allerdings scheint das Prinzip des *König Kunden* in der Praxis dann doch weniger strikt gelebt zu werden.

Abseits von Hochglanzbroschüren und idealisierten Facebook-Profilen lauert die harte Realität: Umsatzeinbrüche, Ladenhüter, Projekte, die länger dauern als geplant und dadurch unwirtschaftlich werden usw. Meine Beobachtung ist in diesen Fällen: Wenn Unternehmen vor der Wahl stehen, ordentlich Umsatz zu verbuchen oder die Bedürfnisse des Kunden zum obersten Gebot zu machen, arbeiten die meisten dann doch auf den Umsatz hin. Da sind die Chefs auf einmal gänzlich unverkrampft.

Ein Beispiel ist der sogenannte *geplante Verschleiß*, den Unternehmen seit einigen Jahren einsetzen, um mehr Produkte zu verkaufen. MP3-Player, Handys, Kaffeeautomaten und Co. werden bewusst so gebaut, dass sie kurz nach der Garantie ihren Geist aufgeben. In solchen Fällen mag die Orientierung am Kundennutzen dann zehn Mal auf der Webseite stehen. In der Realität handelt ein solches Unternehmen nicht nur an den Kundeninteressen vorbei, sondern ganz klar gegen sie.

Aber ist es nicht auch clever? Ist es nicht nachvollziehbar, den Produktverkauf derart anzukurbeln?, höre ich den einen oder anderen Freigeist sagen.

Wenn Sie mich fragen: Nein, so verständlich der Blick auf Umsatzziele auch ist, das geht zu weit, vor allem ist es nicht nachhaltig. Zwar ist die Wirtschaftlichkeit das Fundament für den Erfolg. Aber die Grundlage für die Daseinsberechtigung ist der Kundennutzen, das ist der Zweck eines jeden Unternehmens. Zudem gibt es zwischen „erfolgreich und nachhaltig wirtschaften" und „Geld machen um jeden Preis" einen entscheidenden Unterschied. Zumal sich ein Unternehmen mit reiner Umsatzorientierung außerdem irgendwann selbst ins Bein schießt. Denn wer glaubt wirklich, dass man treue Kunden gewinnt, eine nachhaltige Beziehung aufbaut, wenn man Menschen über den Ladentisch zieht? Würden Sie dauerhaft bei jemandem kaufen, der nur Ihr Bestes will und unter „Ihr Bestes" Ihr Geld versteht?

Langfristig funktioniert es nicht, Menschen zu übervorteilen. Langfristig funktionieren nur Aufrichtigkeit und ehrliches Interesse am Kunden. Und dass ein Unternehmen wirklich am Kunden orientiert ist, lässt sich letztlich doch nicht besser demonstrieren, als dass es im Verkauf auch einmal weniger Umsatz hinnimmt. Dann nämlich, wenn dieses Vorgehen dem Interesse des Kunden dient.

Welcher Verkäufer bleibt Ihnen wirklich positiv in Erinnerung? Denken Sie ruhig an Ihre privaten Einkäufe. Natürlich nicht derjenige, der

Ihnen etwas aufschwatzen will, das weit über das hinausgeht, was Sie tatsächlich benötigen. In guter Erinnerung bleibt der Verkäufer, der Sie auch schon mal an die Konkurrenz verwiesen hat, wenn er selbst kein passendes Produkt im Portfolio hatte. Ein solcher Verkäufer bringt langfristig den Gewinn.

Damals am Telefon war es ja eine ähnliche Situation. Auch ich habe in gewissem Sinne verwiesen und einen Umsatz verloren gegeben, indem ich die 50.000 Euro- beziehungsweise 500.000 Euro-Entscheidung zurück an den Kunden gegeben habe. Es war das kleinere Budget herausgekommen, aber dafür hatten wir etwas anderes hinzugewonnen, was sich später so richtig ausgezahlt hat: einen riesigen Berg an Vertrauen. Außerdem habe ich Ihnen die Geschichte ja noch nicht zu Ende erzählt …

Denn als es schließlich darum ging, dass für die Feriore GmbH tatsächlich neue Software-Komponenten programmiert werden sollten, hat uns der Kunde schließlich doch beauftragt. Wir wurden als Generalunternehmer für das ganze Projekt beauftragt, koordinierten dann auch die anderen Partner und lieferten fehlende Integrationskomponenten zu einer Gesamtlösung. Am Ende lag unser Projektvolumen bei über einer halben Million Euro.

Doch wie kam es zu dieser Wendung? Bei der Auswahl des Anbieters konnten wir überzeugen, da wir genau die technischen Detailfragen aufbrachten, die Lücken oder Schwächen in den Produkten der Hersteller aufzeigten. Diese konnten wir mit Integrationskomponenten ausfüllen. Vor allem aber sah der Kunde neben der Kompetenz noch etwas anderes, nämlich unseren Fokus auf den Kundennutzen, zu dem auch die Übernahme der Gesamtverantwortung gehört. Das gab ihm das Vertrauen und die Sicherheit, dass wir eine Lösung liefern würden, mit der die Anwender zufrieden sind und die in Zeit und Budget umgesetzt wird.

Langfristig ist der Fokus auf den Kundennutzen also der Königsweg. Anders ausgedrückt: Die Haltung, dem Kunden stets zu dienen, ist Trumpf.

Dienstleistung ist der moderne Begriff für das, was man tut, was man liefert. Das ist das Geschäft, das auf Gegenseitigkeit angelegt ist. Man kalkuliert, man wägt ab und ist mit seiner Aufmerksamkeit nicht beim Kunden. Das hilft dem anderen nicht aufrichtig beim Aufdecken seiner Bedürfnisse. *Dienen* jedoch ist ein Wert, der steht für Umgangsformen, für das Selbstverständnis.

Deswegen verwende ich das Wort „dienen", auch wenn es zugegebenermaßen im Gebrauch etwas gewöhnungsbedürftig ist. Wenn Sie das Wort Ihren Mitarbeitern gegenüber verwenden, wird Ihnen, davon bin ich überzeugt, eine faszinierende Bandbreite an Reaktionen dargeboten werden. „Dienen, bei dem Wort rollen sich mir die Zehennägel auf", sagen die Direkten. „Ich bin doch kein Sklave", sagen die Renitenten. „Ich denke nicht, dass Dienen von den Gewerkschaften aus gestattet ist", sagen die Humorvolleren.

Wie die Reaktion auch ausfallen mag, eines ist sicher: Dem Wort „dienen" haftet etwas an, was ordentlich Widerstand provoziert. Dienen wird unweigerlich mit unterwerfen und unterordnen gleichgesetzt, damit, die eigenen Bedürfnisse zu unterdrücken und gegen den persönlichen Willen handeln zu müssen.

Doch man kann es auch anders sehen. Dienen ist ja eigentlich etwas Edles, etwas, das adelt. Es bedeutet, die Interessen anderer in den Fokus zu nehmen und sich für etwas einzusetzen, das größer ist als man selbst. In diesem Verständnis hat das Wort tatsächlich eine sehr lange Tradition. „Minister" bedeutet letztendlich nichts anderes als Diener. Und der Preußenkönig Friedrich der Große hat sich als erster Diener des Staates und des Volkes bezeichnet. Der König ist in dieser Sichtweise ein Diener und umgekehrt.

Dienen ist in dieser Denktradition also gerade nichts, was den Schwachen und Unbedarften vorbehalten ist. Im Gegenteil geht diese Haltung mit einer großen Verantwortung für andere einher. Wer dient, nimmt andere wichtig und rückt sie mit ihren Bedürfnissen in den Mittelpunkt. Er hilft ihnen weiterzukommen, er unterstützt sie und übernimmt Verantwortung. So gesehen, ist Dienen ein wichtiges Führungsprinzip, damals wie heute. Fast schon ist es ein Lebensprinzip, denn es rückt den Menschen in den Fokus.

Mittelpunkt Mensch

In den letzten Jahren hat es sich in Unternehmen etabliert, den Menschen in den Mittelpunkt zu stellen. Man könnte dies als die allgemeinere Variante des „Der Kunde ist König"-Postulats sehen, in der dann auch der Mitarbeiter als zentraler Faktor für Unternehmenserfolg gesehen wird. Und in der Tat, was wären Unternehmen ohne ihre Mitarbeiter? Ich rede nicht von dem Haus auf den Kaimaninseln mit 1800 Unternehmen unter einem Dach, da gibt es das Unternehmen ohne Personal bestimmt, sonst würde das Haus wahrscheinlich nicht einmal auf die Insel passen. Aber sonst? Das Null-Mitarbeiter-Unternehmen existiert nicht, da würden die Zahnräder still stehen, nichts bewegte sich.

Insofern ist es nur konsequent, Kunden und Mitarbeiter gleichermaßen zu achten und wertzuschätzen. Tatsächlich gibt es wesentliche Überschneidungen zwischen dem, was ein Kunde einem Unternehmen bringt, und dem, was ein Mitarbeiter für ein Unternehmen bedeutet. Beide sind umsatzrelevant, beide bringen Profit ins Unternehmen, beide sichern seinen Zweck und seinen Bestand. Zufriedene Kunden, begeisterte Mitarbeiter, kurz Menschen, die dem Unternehmen loyal verbunden sind, sind gleichermaßen ein Geschenk.

Außerdem können es sich Unternehmen heute nicht mehr leisten, ihre Mitarbeiter als selbstverständlich, beliebig oder gar austauschbar zu betrachten. Denn gute Arbeitskräfte werden schlichtweg knapp, der demografischen Wandel lässt grüßen und rückt den Mitarbeiter noch ein bisschen prominenter in den Fokus.

In der Tat bemühen sich viele Unternehmen heute um ihre Angestellten – die Maßnahmenpakete fangen bei der Flexibilisierung der Arbeitszeiten an, flankiert vom Thema Kinderbetreuungsplätze und landen schließlich bei Fragen der Entwicklung und Weiterbildung. Dienen Unternehmen hier ihren Angestellten? Ohne Frage, nur nennt man es nicht so, sondern stattdessen Employer Branding. Wie dem auch sei: Der Mensch steht im Mittelpunkt, das ist die Idee des Dienens. Doch genau wie im echten Branding funktioniert eine Marke nur, wenn sie hält, was sie verspricht.

Da helfen weder neue Namen noch die Einrichtung von Stabsstellen zur Umsetzung der neuen „Richtlinien". Der Kunde, aber auch der Mitarbeiter merkt schnell, ob das drin ist, was auf der Verpackung draufsteht. Deshalb ist Mitarbeiterorientierung in der Theorie etwas anderes als in der Praxis. Das ist wie beim Credo „Der Kunde ist König". Die Realität zeichnet oft ein anderes, weniger schmeichelhaftes Bild.

Die Untersuchungen des Gallup-Instituts liefern dafür die dunklen Farbtöne. Stichwort Arbeitszufriedenheit. Die Ergebnisse bestätigen keineswegs, dass die Mitarbeiterorientierung der Unternehmen bei den Mitarbeitern wirklich zu Effekten führt. Statt Bindung an den Arbeitgeber innere Kündigung – bei sage und schreibe einem Viertel der Angestellten! Als Hauptursache dafür wird der Chef angegeben, der dem Mitarbeiter Anerkennung und Wertschätzung verweigert. „Der Mensch im Mittelpunkt", das scheint in der Umsetzung noch nicht wirklich zu funktionieren.

Ja, ich könnte anders …

Ich könnte diesen Samstag definitiv anders verbringen. Ich könnte im Garten in der Hängematte liegen und die Sonne genießen. Ich könnte mir ein klassisches Konzert von CD anhören, ganz entspannt und geruhsam. Oder ich könnte Laufen gehen, so wie es mit Frank und Stefan eigentlich geplant war. Jetzt sind die zwei ohne mich unterwegs, die Hängematte im Garten ist leer, die Musikanlage bleibt ausgeschaltet.

Stattdessen verbringe ich den Samstagnachmittag bei meinem Mitarbeiter Carsten Veit. Wir brainstormen schon seit Stunden in seinem Arbeitszimmer und kommen – toi toi toi – ziemlich gut voran. Warum ich die Arbeit an diesem Sonnentag allen anderen Alternativen vorziehe? Weil Carsten Veit bis Montag ein Projektproblem zu lösen hat. Da ist es als Chef doch fraglos eine Selbstverständlichkeit, ihm unterstützend zur Seite zu stehen – oder?

Zwar war er erst vorgestern auf mich zugekommen, ziemlich spät also. Aber immerhin war er auf mich zugekommen, und es blieb ja noch Zeit, die Kuh vom Eis zu holen.

Die Kuh, die war in diesem Fall ein kniffliges Angebot für ein sehr komplexes IT-Beratungsprojekt. Eine wirklich spannende Herausforderung, für die wir im Hause allerdings noch keine Referenzprojekte hatten.

Nachdem mir Carsten Veit am Donnerstagabend schließlich geschildert hatte, wie wenig er trotz aller Bemühungen bei dieser fordernden Aufgabe vorangekommen war und wie heftig nun das Damoklesschwert der Abgabe über ihm schaukelte, war für mich klar, ihm meine Hilfe anzubieten. Und deswegen war dieser Samstag heute eben ein Arbeitssamstag – die Option, sich mit mir am Wochenende zusammenzusetzen, hatte Carsten Veit liebend gern angenommen.

„Da mach ich drei Kreuze, dass Sie sich Zeit nehmen, Herr Osthus."

Ich war geradezu gerührt gewesen, dass ich allein mit meiner Bereitschaft, mir Zeit zu nehmen, schon so viel bei meinem Mitarbeiter verändern konnte. Definitiv strahlte er viel mehr Zuversicht aus als noch Minuten zuvor.

Dass ich eigentlich am Samstag zum Laufen verabredet war, fiel mir erst am Freitagabend ein. Aber wenn ich mir nun anschaue, wie viele Ideen in den letzten Stunden entwickelt worden sind, dann hat sich dieser Arbeitssamstag in unglaublichem Maße gelohnt. Das Flipchart ist vollgeschrieben, es stehen gewiss alle Überlegungen drauf, die man zu dem Projekt entwickeln kann. Und noch ein paar mehr obendrein, die wir für andere Projekte verwenden können.

Heute ist Carsten Veit wahrlich im Flow gewesen, es ist nichts mehr von der Unsicherheit zu merken, die ihm am Donnerstag noch in den Knochen steckte. Genau genommen ist alles, was hier auf der Tafel steht, seine Leistung. Sein Fachwissen und seine Kreativität haben heute auf ideale Weise zusammengespielt. Die Kuh ist vom Eis, Carsten Veit hat wirklich ein bravouröses Angebotskonzept überlegt. Das war nicht nur Pflicht, das war Kür.

Ja, und mein Job? Ich war heute lediglich der Fragensteller gewesen, der ihn beim Lösungsprozess unterstützt hat: Wie ist das aus der Sicht des Kunden? Welche Themen sind für ihn relevant? Was bedeutet diese Lösung für ihn? Wie ein Kompass habe ich ihn auf den Weg gebracht und ihn dort gehalten, indem ich mit den passenden Fragen da war. Nicht mehr, aber auch nicht weniger.

„Was wohl Stefan dazu sagen würde?", schießt es mir durch den Kopf. Als ich meinen Freund nämlich am Freitagabend angerufen habe, um mit Bedauern das samstägliche Laufen abzusagen, zeigte er sich alles andere als verständnisvoll.

Stefan, der auch Führungsverantwortung trägt (allerdings nicht bei mir im Unternehmen), hatte an dem Tag – um es milde zu formulieren – weder Verständnis für die Situation von Carsten Veit noch für meine Bereitschaft, ihn zu unterstützen. „Ach Torsten, du mit deiner Kuschelpolitik, setz dich doch mal durch", sagte er hart. „Letzte Woche hatte ich einen ähnlichen Fall. Aber ich muss da nicht den Babysitter spielen. Da gibt es eine klare Ansage, dass ich selbstständige und einwandfreie Arbeit verlange. Wie das derjenige schafft, das ist dann seine Sache." Ein Funkloch unterbrach dann unsanft unser Gespräch. Manchmal kommen auch Funklöcher zum rechten Zeitpunkt. Ja, ich könnte anders vorgehen, aber ich bin mir sicher: So viel Ergebnis wie heute hätten wir anders nie erzielt. Und die Fragen wird Carsten Veit sich beim nächsten Mal selber stellen …

Führung zwischen Magie und Mechanik

Für mich war der gemeinsame Arbeitsnachmittag mit Carsten Veit ein wirkliches Schlüsselerlebnis in Sachen dienender Führung. Ich muss dem Mitarbeiter nur helfen, sich die richtigen Fragen zu stellen. Dann findet er den Lösungsweg beim nächsten Mal fast von alleine. Und beim übernächsten Mal muss ich schon viel klügere Fragen stellen und der Mitarbeiter sagt bereits, dass er verstanden habe, bevor ich die Frage ganz zu Ende gebracht habe, und geht.

Ist es nicht erstaunlich, was an diesem Samstag passiert ist? Da denkt ein Mitarbeiter für sich alleine lang und angestrengt über ein Problem nach und es will ihm einfach nicht einfallen, wie er es lösen kann. Dann bittet er um Hilfe und bekommt eigentlich nicht viel mehr als ein offenes

Ohr und Zeit vom Chef geschenkt, und schon fangen die Lösungen an vom Himmel zu fallen. Das hat doch etwas von Magie! Ist das nicht eine wundersame Entwicklung?

Wundersame Entwicklung … Was mein Freund Stefan dazu sagen würde, das kann man sich schon ziemlich gut ausmalen. „Ich hab keine Zeit für wundersame Entwicklungen. Ergebnisse, das ist das, was ich brauche!" Etwas von der Art käme wohl in der Situation. Stefan steht einfach ständig unter Druck und gibt diesen weiter, ihm ist nicht nach Kuscheln zu Mute. Mir übrigens auch nicht.

In der Tat hat das auch viel mit seinem Alltag zu tun. Umsatzerwartungen, Ziel- und Ergebniserreichung, erfolgsabhängige Vergütungen – so sieht es bei ihm aus. Eigentlich wie bei den meisten anderen Chefs auch. Die Erwartungen an ihn sind stets präsent und groß und werden immer größer, während seine Teams verkleinert werden.

Führungskräfte brauchen schon gute Nerven, um zurückgelehnt auf die Kompetenzentfaltung der Mitarbeiter zu vertrauen. Der Mensch im Mittelpunkt – wer kann das unter solchen Bedingungen? Ist es nicht verständlich, wenn jemand stattdessen die Autoritätskarte ausspielt, um mit Druck mehr Zug in die Sache zu bekommen? Ist es nicht logisch, den Mitarbeiter aus dem Fokus und das Eigeninteresse ins Zentrum zu rücken? Besitzt ein solches Vorgehen nicht seine ganz eigene Plausibilität?

Um es einfach, direkt, unverblümt und mit einem Beispiel zu sagen: Wie verhält es sich denn mit Zahnpastatuben? Da kommt mit Druck doch auch mehr raus! Selbst wenn sie leer scheinen, lässt sich mit Gewalt zumindest noch ein bisschen etwas herauspressen. Aber eben nur noch der letzte Rest, dann ist Schluss. Das ist Auspressen, nicht der Druck, der das Beste hervorbringt, mit dem man Diamanten formt. Der besteht aus Fordern und Fördern.

Druck bringt etwas, noch mehr Druck bringt noch mehr. Männer lieben solche mechanistischen Überlegungen ganz besonders, denn sie scheinen das Leben kalkulierbar und verlässlich zu machen. Und wenn so richtig schnell Ergebnisse gebraucht werden – warum es nicht mit Druck angehen?

Die Wertschätzung kann man da freilich mit der Lupe suchen und wird sie trotzdem nicht finden. Denn der Mitarbeiter fühlt sich wie eine Sache behandelt und spürt nur das unbarmherzige Nutzenkalkül. Doch die Konstellation ist nicht nur für den Mitarbeiter, sondern auch für den Chef ungünstig, denn in der Untergebenenrolle bringen Menschen nicht das, wozu sie fähig sind. Da ist das Flipchart nicht vollgeschrieben, da wird höchstens Dienst nach Vorschrift gemacht.

Arbeitswissenschaftler, Psychologen, Soziologen und Co. haben inzwischen in vielen Studien nachgewiesen, dass echtes Interesse und Wertschätzung Mitarbeiter leistungsfähiger und erfolgreicher macht. Bei Chefs dagegen, die Druck und Macht durch Position anwenden, sind nicht nur Wertschätzung, sondern auch Ergebnisse kaum vorhanden. Menschen funktionieren nicht gut unter Druck. Sie sind keine Zahnpastatuben. Sie sind eben etwas komplizierter. Gott sei Dank. Und die Zeiten ändern sich, Führung wird weiblich und heutige Mitarbeiter kommen aus der „Warum-Generation".

Der Mensch reagiert auf andere Menschen mit entsprechendem Verhalten: Jemand gähnt, der andere gähnt mit. Jemand lacht, das Lachen wirkt ansteckend. Ein Lehrer traut seinen Schülern viel zu, er erhält eine überdurchschnittlich gute Klasse. Ein Chef glaubt an seine Mitarbeiter und erhält leistungsfähige Mitarbeiter, denen er vertrauen kann.

Warum das so ist, das hat die moderne Neurowissenschaft vor noch gar nicht allzu langer Zeit herausgefunden. Sie hat die Spiegelneuronen entdeckt, die dafür verantwortlich sind, dass der Mensch direkt auf sein menschliches Gegenüber antwortet. Für die Führung ergibt sich daraus dann letztendlich ein wirklich einfaches Prinzip, das ich auch gerne als Magie bezeichne. Aber tatsächlich hat es mit Biologie zu tun.

→ Wer persönlichen Einsatz haben will, muss persönlichen Einsatz zeigen.
→ Wer Interesse fürs Unternehmen erwartet, der muss interessiert an seinen Mitarbeitern sein.
→ Wer möchte, dass die Mitarbeiter dem Unternehmen verbunden sind und nicht nur egozentrisch agieren, der muss als Vorbild fungieren und seine Interessen hintanstellen.

→ Oder kurz und zusammenfassend mit den bekannten Worten des Heiligen Augustinus gesagt: „In dir muss brennen, was du in anderen entzünden willst!"

Und all das erklärt letztlich eben auch, warum es besser ist, seine Mitarbeiter nicht unter Druck zu setzen, sondern ihnen unterstützend zur Seite zu stehen.

→ Eine Führungskraft, die autoritär herrscht, macht ihre Mitarbeiter klein und leistungsschwach und führt sie in die Abhängigkeit. Eine Führungskraft, die die Mitarbeiter fördert, macht sie groß und leistungsfähig.

→ Eine Führungskraft, die ihre Macht nutzt, um eigen Vorteile zu erlangen, wird von ihren Mitarbeitern keine Unterstützungsbereitschaft erhalten. Eine Führungskraft, die ihren Mitarbeitern auf Augenhöhe begegnet, der sind auch die Mitarbeiter partnerschaftlich und hilfsbereit verbunden.

→ Eine Führungskraft, die die Bedürfnisse der Mitarbeiter missachtet, wird sie nicht als Menschen gewinnen – es gibt Dienst nach Vorschrift statt Begeisterung und Einsatzbereitschaft. Eine Führungskraft, die Interesse zeigt, wird wache und aufmerksame Mitarbeiter haben – Beflügelte, könnte man auch sagen.

Und zu all dem kommt schließlich sogar noch eine langfristige Perspektive hinzu, denn beflügelte Mitarbeiter werden irgendwann flügge, sprich: Sie werden auf eigene Faust tätig und schenken dem Chef so Zeit. Erfolgreiche Aufgabenerledigung und persönliche Entwicklung sind untrennbar miteinander verbunden.

Ein Mitarbeiter, der Erfolge einfährt, wird auch selbstbewusster handeln. Er wird künftige Aufgaben beherzter angehen, eine gute Voraussetzung für Erfolg. Und dann greift wieder die Stärkung des Selbstbewusstseins, was wiederum die Aufgabenerfüllung vorantreibt – so geht es Runde um Runde. Und es ist klar, dass ein selbstbewusster und erfolgreicher Mitarbeiter irgendwann nicht mehr auf die Bestärkung des Chefs angewiesen ist. „Herrlich", sage ich Ihnen.

Wobei, Moment. Ich muss gestehen, dass ich früher schon mal anders gedacht habe. Ich hatte auf meinem beruflichen Weg durchaus Situationen, in denen ich mir weniger starke Mitarbeiter gewünscht hätte. Manchmal geht deren Stärke nämlich ganz schön ans eigene Ego. Das muss man ertragen lernen.

Der härteste Tag

Heute vor zehn Jahren, ich war gerade erst aus dem Urlaub zurückgekehrt, stand überraschend eine Abteilungsleiterbesprechung auf meiner Agenda. Und scheinbar sollte es um einen Termin gehen, bei dem ich auf der Anklagebank saß. Zumindest wirkte es auf mich in dem Moment so.

Während meines Urlaubs hatte sich bei einem Abteilungsleiter nämlich Unmut breit gemacht. Konkret sollte es darum gehen, ob ich das Unternehmen in Vertriebsangelegenheiten richtig führte, ob meine diesbezüglichen Kompetenzen ausreichten. Deswegen dieser Termin heute.

Zunächst war ich perplex gewesen. Dann stellten sich mir Fragen: Ist das wirklich so, dass ich meine Rolle nicht erfülle? Was wird noch alles über mich auf den Tisch gepackt? Kann herauskommen, dass tatsächlich etwas grundlegend verändert werden muss? Was heißt das dann für mich? Ist meine Rolle als Geschäftsführer der Firma gefährdet?

Im Termin kamen dann genau diese Punkte hoch, aber nur von einem Mitarbeiter, alle anderen folgten erst einmal meinen Fragen – wie Sie bereits ahnen, Fragen, um zu verstehen.

Ich weiß nicht, wie es Ihnen geht, nachdem Sie diese Geschichte gelesen haben. Vielleicht sind Ihnen Zweifel gekommen, ob die Idee des Empowerns wirklich gut ist. Eigentlich ist es doch ein Albtraum jeder Führungskraft: von selbstbewussten und kritischen Mitarbeitern ins Kreuzverhör genommen zu werden.

Hand aufs Herz, sind Sie ein Chef, der noch nie einen stirnrunzelnden Blick auf starke und selbstbewusste Mitarbeiter geworfen und sich gefragt hat, ob sie ihm irgendwann gefährlich werden könnten? Wenn ja, dann Gratulation zu Ihrem Dalai-Lama-Gemüt. Sie stehen ohne Zweifel auf einer besonderen Stufe der Seelenruhe. Wenn nicht, dann gratuliere ich ebenfalls. Denn es ist menschlich und sympathisch, Zweifel zu haben und vorsichtig zu sein.

Werde ich neben exzellenten Mitarbeitern, die mich fordern, noch bestehen? Werden die Mitarbeiter loyal sein? Muss ich bei selbstbewussten Leuten nicht mit Widerstand und Querelen rechnen? Oder kurz und in einer Frage formuliert: Wenn ich anderen helfe, ihre Talente und Stärken zu entwickeln, schaufle ich da nicht mein eigenes Grab? – All diese Überlegungen sind verständlich.

Und nachdem ich eben meine Geschichte vom härtesten Tag meines Unternehmerdaseins erzählt habe, scheint es ja noch viel begründeter zu sein, den janusköpfigen Mitarbeiter zu fürchten.

Allerdings nahm der scheinbar härteste Tag eine weiche Wendung: Nachdem wir in der Besprechung in das Thema reingegangen waren, sah die Welt schon ganz anders aus. Denn erstens wird ja nie so heiß gegessen wie gekocht und zweitens hatte die Diskussion über unseren Vertrieb wirklich Bereicherndes gebracht.

Der eigentliche Stein des Anstoßes war für meine Kollegen nämlich gar nicht meine Person gewesen, sondern es zeigte sich, dass in den Projektverträgen nicht immer klar war, was wir unter „Lieferung der Software" verstanden: Wann ist ein System geliefert? Wenn die Software beim Kunden vorliegt, so dass er sie installieren kann? Oder gehen wir weiter? Hier hatte es unterschiedliche Interpretationen gegeben. Im konkreten Fall wollte der Kunde selbst installieren, damit war unsere Aufgabe mit der Lieferung zur Installation formal erledigt. Aus unserem Fokus auf den Kundennutzen waren damit aber die Anwender noch nicht abgeholt.

Nach einer intensiven Diskussion über Prozesse und Regeln kamen wir zu dem Schluss, die Lieferung einer Software mit unserer Geschäftspolitik zu beantworten: Eine Software ist ausgeliefert, wenn der Kunde mit dem System arbeiten kann und mit dem Ergebnis einverstanden ist.

Das war ein gutes Ergebnis, hervorgebracht durch das Team. Ich hatte keine feindseligen Mitarbeiter, sondern Mitarbeiter, die mitdachten – das kann ich heute sehen. Ja, letztlich war es bei diesen Terminen tatsächlich um das Unternehmen als Ganzes gegangen, nicht um meine Rolle, nicht darum, mich persönlich abzusägen. Mit der Osthus GmbH gab es inzwischen etwas Größeres und Wichtigeres als mich – für mich als Firmengründer war das eine schmerzhafte Erkenntnis, aber ich habe verstanden.

Ich muss zugeben: Die eigenen Vorstellungen im Sinne des Großen und Ganzen zurückzustellen, manchmal auch selbst massiv gefordert zu werden, ist zwar ein folgerichtiger Schritt im Sinne des Dienens, aber ein schwerer. Dennoch geht es nicht anders, denn was ist das große Ganze? Es ist das Unternehmen, es sind die Kollegen, Partner, Dienstleister und Kunden. Das große Ganze zu sehen, das ist ein Dienst am Menschen.

Nun gilt Bescheidenheit nicht gerade als Zier von Chefs. Aber das Sich-selbst-nicht-so-wichtig-Nehmen kann man sich durchaus aneignen, selbst als Führungskraft. Es geht im Kern einfach darum, zu erkennen, was im Leben wirklich zählt. Geht es um den persönlichen Status oder um Sinn? Geht es um Menschen und Entwicklung oder um die schnelle, die leichte Lösung? Geht es auch um Werte oder nur um Cashflow? Ist es überhaupt ein „Entweder/oder"? Ist es nicht vielmehr ein „Sowohl als auch"?

Das sind weitreichende Fragen, mit denen man sich auseinandersetzen muss. Wer sich ihnen nicht stellt, sie für sich nicht beantwortet, der wird es schwer mit dem Dienen haben. Überhaupt ist der Faktor Tiefe ein ganz entscheidender beim Prinzip des Dienens, und ein schwieriger überdies. Wer tagtäglich in einer Welt bestehen muss, die schnell und oberflächlich ist, für den ist es gar nicht so leicht, Tiefe zu erlangen, Ursachen und Wirkungszusammenhänge zu ergründen, zum Kern vorzustoßen und sich selbst und anderen die richtigen Fragen zu stellen.

Einfach nur fragen

„Es funktioniert nicht! Herr Osthus, irgendwas mache ich falsch. Ich nehme mir Zeit für meine Leute und bin interessiert. Und trotzdem klappt es nicht mit der Kommunikation."

Tilmann Frank ist bei uns Teamverantwortlicher. Er ist eigentlich empathisch und freundlich, ich bin überzeugt, dass er aufrichtig daran arbeitet, seine Mitarbeiter bei ihren Aufgaben fördernd und unterstützend zu begleiten. Nur gelingen will es ihm nicht! In schöner Regelmäßigkeit scheiterten seine Leute bei ihren Aufgaben. Trotz des guten Willens kriegte Tilmann Frank die ganze Palette klassischer Probleme, sobald er delegierte: Er gab Aufgaben weiter, doch sie wurden nicht in seinem Sinn erledigt; die Aufgaben wurden missverstanden und gerne landeten sie nach einer gewissen Weile wieder auf seinem Tisch. Natürlich wurden sie am Ende gelöst, aber wie oft hörte ich den Satz: „Das hätte ich besser selbst gemacht."

Nun sitzen wir hier zusammen bei mir im Büro, wir diskutieren seine Not. Es ist auch nicht das erste Mal, dass wir das tun. Vor ein paar Wochen habe ich ihm bereits meine Empfehlungen zum erfolgreicheren Delegieren an die Hand gegeben, doch sie brachten ihm nicht viel, obwohl er sie fleißig umzusetzen versuchte. Ja, die Aufgabe mit dem Mitarbeiter klären, das täte er inzwischen, erzählt er mir. Ja, er würde auch Ergebnisse definieren und den Mitarbeiter Teilziele und Meilensteine festlegen lassen, und natürlich würde er das über Fragen machen, doch das funktioniere nicht. Halt, stopp, hier unterbreche ich ihn: „Wie kommen Sie darauf, dass es nicht funktioniert?" Ich bin wirklich erstaunt, dass das Delegieren trotz dieser Schritte nicht erfolgreicher war. Wie kann das sein?

„Naja, ich habe genau die Fragen aus dem Führungstraining gestellt, Herr Osthus. Aber auch wenn wir im Team darüber reden, gehen meine Leute wohl von etwas anderem aus als ich. In den Gesprächen scheint immer alles klar zu sein. Dann legen sie los und setzen etwas anderes um. Ihre Ziele und meine Ziele, die liegen meilenweit auseinander."

„Ja, aber wie haben Sie es denn gemacht?"

„Ich habe meinen Mitarbeiter gefragt, wie klar ihm die Ziele wären. Und was war die Antwort? Na, es wäre alles klar, und das ist es ja gerade, Herr Osthus, hinterher hat sich gezeigt, es war gar nicht klar!"

Ich denke kurz nach und treffe eine Entscheidung: Selbsterfahrung ist der beste Weg zur Erkenntnis! „Gut, Herr Frank. Sollen wir das mal ausprobieren, jetzt gleich, wir zwei?"

Herr Frank schaut mich überrascht, aber interessiert an: „Klar, machen wir.“

„Herr Frank, stellen Sie sich bitte kurz eine Aufgabe vor, die Sie erledigen wollen. Ich muss die Aufgabe gar nicht wissen. Und sagen Sie mir bitte, haben Sie das Ziel vor Augen, ist Ihnen das Ziel klar?“

„Ja, habe ich.“

„Gut, Herr Frank, wie sicher sind Sie sich, dass Sie das Ziel erreichen werden?“

„Ich bin mir sicher!“

„Gehen wir noch einmal zum Ziel, Herr Frank, wie klar ist Ihnen das Ziel auf einer Skala von 1 bis 10?“

Jetzt wird es interessant. Verwirrt zögert er kurz, und dann kommt eine 8 als Antwort.

Und ich frage weiter: „Herr Frank, was braucht es noch, dass aus der 8 eine 10 wird?“

Kurze Stille, ich frage: „Welche Teilziele sehen Sie auf dem Weg?“

Da wird es wieder flüssiger: „Zwei Teilziele.“

„Wenn Sie auf das erste Teilziel schauen, wie klar ist Ihnen dieses?“ Antwort: „10.“

„Gut, wann werden Sie das erste Teilziel erreicht haben?“

Kurzes Nachdenken: „In drei Wochen.“

Bevor ich mit dem Thema Selbstvertrauen und Sicherheit weitermachen kann, sagt Herr Frank: „Herr Osthus, ich habe den Unterschied verstanden und werde es beim nächsten Mal anders machen.“

Passt, mein Gegenüber hat seinen Punkt wohl entdeckt. Durch mein Nachfassen hat er mehr Klarheit gewonnen. Fragen und präzise reingehen, das sind nämlich nochmal ganz unterschiedliche Dinge.

„Dann versuchen Sie es noch einmal derart, Herr Frank?“ Herr Frank nickt. Und in der Tat, schon drei Wochen später berichtet er mir vom Erfolg in Sachen Delegieren.

Aufs Herz zielen

Es ist heute en vogue, ganz auf der Seite einer wertschätzenden Führungs-philosophie zu stehen und zu betonen, dass die Mitarbeiter das höchste Gut eines Unternehmens seien. Man sähe sie als Menschen und nicht nur als Ressource, man kümmere sich um ihre Entwicklung und ihr Wohler-gehen, lautet die offizielle Einstellung. Unter den Bedingungen von Leis-tungsdruck fällt die ja allerdings auch oft zusammen – das ist das klassi-sche und offensichtliche Problem.

Doch selbst wenn die Führungskraft wirklich gewillt ist, zu den Mit-arbeitern Kontakt herzustellen, und es immer und immer wieder mit In-teresse versucht, gelingt dies oft nicht. Das hat mit der traurigen Wahrheit zu tun, dass viele Führungskräfte schlichtweg nicht mehr in der Lage sind zu aufrichtiger und interessierter Kommunikation. Wobei sich da auch die Frage stellt: Wie verbreitet ist diese Fähigkeit heute überhaupt noch?

Die Frage „Wie geht es?" ist zu einer Floskel verkommen. Wie schade ist das, denn sie ist an sich eine der wesentlichsten Fragen, die sich Menschen stellen können. Und ähnlich verhält es sich, wenn Chefs bei ihren Mitar-beitern nach dem Stand der Projekte fragen. Floskelhaft wird ein „Läuft" zurückgegeben. Der Mitarbeiter geht davon aus, dass ein Chef nichts von Problemen hören will. „Ich will keine Probleme, sondern Lösungen", ist ein allzu gern zitierter Satz von Chefs, auf den Mitarbeiter mit vorauseilendem Gehorsam reagieren und nichts über die wahren Befindlichkeiten verraten. Wir sind heute schwer darin geübt, Plattitüden auszutauschen, und wenig geübt, einander auf einer tieferen Ebene zu begegnen. Aber erst auf einer tieferen Ebene kommt man an den Menschen heran. Deswegen ist es so wichtig, sich nicht mit einem „Ja" oder „Nein", einem „Gut" oder „Schlecht", einem „Läuft" oder „Läuft nicht" zufriedenzugeben. Nachfragen ist ange-sagt wie auch die ausschließliche Konzentration auf den anderen.

Ehrliches Interesse findet dabei überdies auf ganz viele Arten statt, von A wie Aufmerksamkeit schenken bis zu Z wie Zeit investieren. Und ehr-liches Interesse fängt damit an, nicht auf das Smartphone zu schielen, während der andere spricht. Das klingt jetzt lapidar, aber es gibt Unternehmen, da präsentieren Mitarbeiter – und die gesamte Führungsriege blickt derweil auf ihre Telefone oder arbeitet am Laptop.

Wer sich wirklich dem Mitarbeiter fördernd zuwendet, der macht das zu 100 Prozent, und das bedeutet,

→ uneingeschränkt zuzuhören (ohne sich ablenken zu lassen),

→ Fragen zu stellen (anstatt selbst zu erzählen, denn wenn man selbst redet, kriegt man nichts mit),

→ tiefer nachzufragen statt in der Breite, dann entsteht Verständnis,

→ Nöte und Bedürfnisse zu erkennen und ernst zu nehmen („Ich will Lösungen" ist eine Ohrfeige für jeden Angestellten, der um Hilfe fragt),

→ bei Fehlern zugewandt und positiv zu bleiben (immerhin machen Menschen nichts mit Absicht falsch) und

→ das Wohlergehen und die Entwicklung des Mitarbeiters stets im Blick zu haben (entsprechend seiner Stärken und Werte, seiner Motive für das Warum und Wohin).

Indem Chefs all das tun und indem sie ihren Mitarbeitern dienend und unterstützend zur Seite stehen, erreichen sie sie letztlich genau dort, wo die Quelle der Stärke und Entwicklung liegt: in ihrem Herzen.

Letztendlich ist das Herz tatsächlich der Dreh- und Angelpunkt aller Führungsbemühungen, denn nur was von Herzen kommt und was das Herz erreicht, kann von fundamentaler Wirkung sein, kann eine Basis dafür sein, dass Menschen über sich hinauswachsen: Begeisterung, Kreativität und Engagement sind Herzensdinge, sie hängen von aufrichtiger Förderung, ja, von aufrichtigem Dienen ab.

Begeisterung, Kreativität und Engagement sind Herzensdinge. Sie hängen von aufrichtiger Förderung, ja, von aufrichtigem Dienen ab.

Dafür braucht es einen Rahmen, es braucht „Wachstumsräume", in denen persönliche Entwicklung zugetraut, gefordert und gefördert wird.

Kapitel 7

Ungeschliffene Diamanten – Was es braucht, damit Menschen über sich hinauswachsen

Ich hatte nur *eine* Fliege erwischt. Obwohl ich mir so sicher gewesen war, mit dieser sprichwörtlichen Klappe beide schlagen zu können. Deshalb war ich enttäuscht – und etwas ratlos: Was sollte ich tun? Wie war das Problem zu lösen?

Von welcher Fliege, welchen Fliegen und welcher Klappe ich spreche? Also, zu dem Zeitpunkt, von dem ich rede, war mein Unternehmen noch klassisch aufgebaut: in Abteilungen mit festen Zuständigkeiten.

Was soll ich sagen? Es lief. Unser Unternehmen konnte die Kundeninteressen bedienen, die Abteilungen optimierten ihre Arbeitsprozesse, wir gewannen Kunden hinzu. Dennoch wurmte mich zweierlei. Das waren meine zwei Fliegen.

Die erste Fliege: die mangelnde Kundenorientierung mancher Abteilungen. Zwar waren unsere Kunden zufrieden, sie hielten uns die Treue. Aber ich wurde den Verdacht nicht los, dass die Arbeitsprozesse noch viel besser auf den Kunden abgestimmt sein könnten. Dass jeder Prozess des Unternehmens vom Kundennutzen her gedacht sein sollte. Derzeit betraf die Optimierung, die zweifelsohne in den Abteilungen stattfand, stets nur die entsprechende Abteilung. Die Mitarbeiter hatten selten das Unternehmen als Ganzes im Blick. Wir drohten in die Silofalle zu tappen, Bereiche schauten nur auf sich selbst und sicherten ihr Terrain.

Die zweite Fliege: Meine Mitarbeiter waren durch die Unternehmensorganisation an Abteilungen gebunden, was dazu führte, dass sie wenig Verantwortung für das ganze Unternehmen übernahmen. Gleichzeitig fehlte mir auf sehr schmerzhafte Weise bei einigen Mitarbeitern das Bestreben, innerhalb des Unternehmens zu wachsen, sich selbstständig neue Aufgaben und Herausforderungen zu erschließen.

Da saßen also meine zwei Fliegen. Und ich fand endlich eine Klappe. Ich entschied, die Arbeitsprozesse von den Abteilungen zu entkoppeln, sie abteilungsübergreifend und konsequent auf den Kundennutzen auszurichten, und entwarf eine völlig neue Geschäftsarchitektur. Wenn Sie so wollen: eine veränderte Organisationsstruktur. Das war meine Fliegenklappe, und ich schlug zu.

Treffer! Eine Fliege hatte ich erwischt, nämlich drohende Abteilungs-silos. In Folge wuchs tatsächlich die Orientierung am Kundennutzen. Durch diese Entkoppelung konnten wir noch effizienter und effektiver die Wünsche der Kunden bedienen. Ein Erfolg, ja!

Aber die zweite Fliege war mir entwischt. Obwohl ich die starre Struktur durch diese Maßnahme fluider und flexibler gestaltet hatte, blieb der Blick der Mitarbeiter, ihre Orientierung weiter ausschließlich auf die Abteilungen geheftet: Die von mir erhoffte Haltung, dass sie mehr Verantwortung übernehmen und sich für mehr persönliches Wachstum einsetzen würden, blieb aus.

Diese Fliege schwirrte mir also weiter um den Kopf und machte mich schier wahnsinnig. Warum, fragte ich mich, war das so? Insbesondere das Thema Wachstum beschäftigte mich immer wieder. Ich empfinde es nämlich fast als physischen Schmerz, unzählige Menschen mit ungenutztem Potenzial herumlaufen zu sehen, die nur 20 bis 30 Prozent ausschöpfen, manchmal vielleicht 70 Prozent, aber selten mehr. Kaum einer geht an die Grenzen, die meisten kennen sie nicht einmal. Manche haben nur das unbestimmte Gefühl, sie könnten doch viel mehr …

Eines war mir bereits lange klar. Echtes Wachstum ist nicht das, was man weitläufig unter Lernen versteht – nämlich die schlichte Aneignung von Wissen. Nein, wirkliches Wachstum heißt vor allem Wachstum der Persönlichkeit. Das bedeutet, sich mit den eigenen Themen ernsthaft auseinanderzusetzen und bereit zu sein, an sich zu arbeiten.

● ●

Wachstum heißt viel mehr als Wissensaneignung. Wirkliches Wachstum ist Wachstum der Persönlichkeit.

● ●

Wenn die Bereitschaft dazu fehlt, findet kein Wachstum statt. Dabei will grundsätzlich jeder Mensch wachsen, denn das Streben nach Entwicklung ist in uns allen von Natur aus angelegt. Sprich: Wenn Mitarbeiter nicht bereit sind, das Nötige zu tun, um sich innerhalb des Unternehmens weiterzuentwickeln, dann kann es nur am Umfeld liegen. Aber an welchem Teil davon? Die Erklärungen können sehr unterschiedlich sein.

1. Der Mitarbeiter ist am falschen Ort

Da schmoren Mitarbeiter in Entwicklungsbüros, obwohl sie neben der ganzen Tüftelei ein handfestes Talent zum Bühnenmenschen mitbringen. Andere werden – weil sie eben den passenden akademischen Abschluss haben – automatisch in eine Führungsposition gesteckt, obwohl sie zwar eine große Portion Leidenschaft fürs Produkt mitbringen, sich ansonsten aber rein gar nicht für Menschen interessieren.

Kurzum, es ist keine Seltenheit, dass sich Mitarbeiter dort, wo sie arbeiten, oftmals nicht herausgefordert fühlen. Dass die aktuelle Stelle nicht wirklich auf die besonderen Stärken zugeschnitten ist.

Ich erinnere mich noch gut an eine Kollegin, die vermutlich genau in dieser Misere steckte. Sie schien ihren Job gut im Griff zu haben. Sie lieferte pünktlich und grundsolide. Aber irgendwie schien sie auch unsichtbar. Es passierte nichts Neues. Ein Tag wie der andere. Ein Job wie der andere. Motorengeräusche? Überholspur? Fehlanzeige. Ich hatte das Gefühl, dass sie ihre Zeit am Schreibtisch nur absaß.

Ich sehe ihr Gesicht noch vor mir, so als hätte ich sie gerade erst vor zwei Wochen getroffen. Dabei ist es schon mehr als zwölf Jahre her! Sie können es einem Menschen ansehen, ob er noch hungrig ist und Freude daran hat, zu wachsen. Oder ob er aufgegeben hat. Die heruntergezogenen Mundwinkel meiner damaligen Kollegin jedenfalls sprachen eine deutliche Sprache. Ihre Leidenschaft für die Sache – wenn sie denn einmal vorhanden war – war komplett erloschen. Mir wurde klar: Entwicklung geht nicht überall, der Rahmen muss für den Einzelnen stimmen! Und meine Kollegin war hundertprozentig am falschen Platz.

2. Der Chef deckelt

Manchmal ist es nicht der Ort, der die Energie raubt. Manchmal ist es die Führungskraft selbst, die dafür sorgt, dass die Mitarbeiter um sie herum reihenweise aufgeben. Sie haben sich wundgerieben und hören auf zu lernen. Denn ihr Chef sorgt nicht für ihre Entwicklung. Ihr Chef ist einzig und allein damit beschäftigt, den jeweils Schuldigen auszumachen und andere klein zu halten – bewusst oder unbewusst. Auf ein positives Feedback kommen zehn negative, kennen wir ja übrigens auch schon aus der Schule. „Wer hat es verbockt?" Statt: „Wer kann wohin wachsen?"

Und wenn einer immer nur mit Argusaugen Probleme aufdeckt und den Schuldigen bestraft, dann ist Feedback nichts als bloße Schelte, insbesondere wenn dies auch noch vor anderen oder, noch schlimmer, vor Außenstehenden erfolgt. Chefs, die auf Sanktionen setzen, ersticken den Wunsch nach Entwicklung bei ihren Mitarbeitern. In einer solchen Sanktionskultur wird jeder Mitarbeiter zusehen, dass er möglichst unsichtbar wird und Dienst nach Vorschrift macht. Bloß nicht auffallen!

• •

Chefs, die auf Sanktionen setzen, ersticken den Wunsch nach Entwicklung bei ihren Mitarbeitern.

• •

In einem solchen Klima wird niemand etwas ausprobieren. Niemand wird ein Feedback als Chance begreifen und daraus lernen wollen. Wirkliches Wachstum werden Sie in einem solchen Unternehmen vergebens suchen. Denn wirkliches Wachstum braucht ein Vertrauensklima. Ein Klima, das Lernen und persönliche Weiterentwicklung ausdrücklich zulässt:

→ Es braucht Fehlertoleranz. Sie und Ihre Mitarbeiter müssen ausprobieren dürfen.

→ Politische Spielchen oder Statusstreben brauchen einen strengen Platzverweis. In Ihrem Schaffen streben Sie nach wirklichen Ergebnissen.

→ Es braucht eine absolute Offenheit für Feedback. Und die Fähigkeit, Feedback wertschätzend zu äußern. Auf allen Seiten.

→ Es braucht Menschen an der Spitze, die tatsächlich in andere Menschen investieren wollen. Und die sich darüber im Klaren sind, dass das Zeit braucht. Oft mehr Zeit, als sie denken.

→ Und es braucht eine Führungskraft, die bereit ist, wirklich Verantwortung zu übernehmen und bei sich selbst anzufangen.

3. Der Mitarbeiter übernimmt keine Verantwortung

Es gibt noch eine dritte wichtige Option, warum Mitarbeiter nicht wachsen. Und die kommt tatsächlich viel öfter vor, als Sie denken: Der Mitarbeiter will nicht – nicht wirklich.

Klar, niemand wird beim Einstellungsgespräch sagen: „Nein, Herr Osthus, lernen will ich in meinem Leben nichts mehr." Logisch, alle werden heftig nicken, wenn das Thema „Weiterentwicklung" auf den Tisch kommt. Das hört sich nach Fortbildungen und Seminarmöglichkeiten an. Bei dieser Vorstellung ist jeder angehende Mitarbeiter verständlicherweise ganz offen für „Wachstum". Doch bei der persönlichen Weiterentwicklung suchen solche Mitarbeiter für jeden Fehlpass die Schuld beim Mitspieler. Oder beim Trainer. Oder beim Schiedsrichter. Sie geben die Verantwortung für Erfolg oder Misserfolg – und somit für jede Form der Entwicklung – ab.

Auch wenn es letztlich viele Stellschrauben gibt, die über wirkliches Wachstum entscheiden. Auch wenn der jeweilige Rahmen wichtig und der Chef natürlich maßgeblich ist. Sie alle greifen ins Leere, wenn eines fehlt: die Selbstverantwortung des Mitarbeiters.

Ein Mitarbeiter kann immer nur wachsen, wenn er selbst Verantwortung für sein Wachstum übernimmt! Er selbst muss das Lernen initiieren. Nicht der Chef oder die Personalabteilung.

Manchmal gibt es auch eine ausgeprägte Konsumhaltung, wenn es um das Thema „Entwicklung" geht. Da ist es quasi gesetzt, dass Mitarbeiter zu Schulungen geschickt werden. Keiner fragt, ob diese oder jene Schulung den nächsten Entwicklungsschritt beim Mitarbeiter begünstigt. Keiner fragt, ob das jeweilige Training das Unternehmen auch nur einen Deut voranbringt.

Wenn Fortbildung im Unternehmen aus solch einer Konsumhaltung heraus entsteht – dann hat das mit wirklichem Wachstum rein gar nichts zu tun. Dann sitzen alltäglich Hinz und Kunz in irgendwelchen Verkäuferseminaren. Aber irgendwie stimmen die Umsätze noch nicht. Dabei wäre der viel bessere Weg vielleicht, sich einmal genauer zu fragen, woran es liegt. Vielleicht geht es um persönliche Veränderungen und der- oder diejenige bräuchte einen Mentor, einen Coach, der sie oder ihn begleitet?

Sicher, das ist deutlich aufwändiger. Das dauert auch viel länger. Das ist richtig schwere Arbeit. Und das braucht Commitment auf beiden Seiten. Aber hier findet dann wirkliche Entwicklung statt.

Wichtig bei diesem Prozess: Die Führungskraft hat dabei immer nur eine unterstützende Rolle. Die Initiative kommt stets vom Mitarbeiter selbst! Er ist es, der den Weg vorzeichnet. Er ist es, der erkennt, was ihm zu einem flotten Ausschreiten noch fehlt. Der Mitarbeiter wirft den Motor an. Der Chef ist nur der Beifahrer. Er schaut letztlich nur, ob der Weg zum Gesamtziel des Unternehmens passt.

Und tatsächlich, es funktioniert.

• •

Führungskräfte können Räume schaffen und Türen aufmachen,
hindurchgehen muss jeder selbst.

• •

Aufgeschlossen

Es gibt ja diese Leute, die Dinge in Sekundenschnelle aufnehmen. Die alles zu speichern scheinen. Die man zu jeder Sache befragen kann. Auch wir haben solche Menschen in unserem Team. Das ist ein echter Segen. Einer sticht ganz besonders hervor. Schicken Sie Thomas für zwei Tage in eine fremde Stadt, dann könnte er hinterher gut und gern Stadtführungen geben. Er ginge glatt als Einheimischer durch. Oder fragen Sie ihn nach einem beliebigen geschichtlichen Ereignis, dann erzählt er Ihnen nicht nur die Fakten, etwa zum Prager Fenstersturz, sondern schildert Ihnen auch gleich die religiösen Hintergründe und Machenschaften rund um den böhmischen König, Ferdinand von Steiermark.

Mit Wissen kann Thomas spielerisch umgehen. Aus Spaß nennen wir ihn manchmal das laufende Wikipedia. Mit „echten" Menschen tat er sich jedoch bisher gewaltig schwer. Und so war er immer sehr für sich.

Dann haben wir beide einmal ein Projekt miteinander gemacht. Und auf der Rückfahrt führten wir dieses Gespräch:

Thomas: „Torsten, woher weißt du das, und wie machst du das, die Leute so anzusprechen? Wie gelingt es dir, so einen Teamspirit herzustellen, dass hinterher alle an einem Strang ziehen? Mich hat in der Pause Frau Wiegensteiner angesprochen und ich wusste nicht einmal, was ich sagen soll."

Ich: „Schau, Thomas, du musst nur echtes Interesse haben, verstehen wollen und wahrnehmen. Jeder Mensch tickt anders. Jeder liefert seinen ureigenen Beitrag zum großen Ganzen. Und den musst du im Gespräch heraushören und schätzen lernen – natürlich immer mit Blick auf das Ergebnis."

Er: „Hm. Verstehe ich noch nicht ganz."

Ich: „Nehmen wir mal ein Kick-off-Meeting zu einem beliebigen Projekt. Einer in der Runde sagt so etwas wie: ‚Wir brauchen eine Gesamtlösung für das Problem…', dann weißt du, das ist jemand, der den Überblick hat, der eher darauf schaut, alle Fäden gut zusammenzuführen. Ein anderer sagt beispielsweise: ‚Da gibt es eine Schnittstelle, bei der wir unbedingt den Parameter x beachten müssen.' Hier haben wir es dann eher mit einem Menschen zu tun, der sein Augenmerk vor allem auf Details richtet. Verstehst du?"

Er: „Ja. Und wie weiter?"

Ich: „Die beiden werden sich möglicherweise nicht besonders gut verstehen. Dabei sind beide Sichtweisen, beide Beiträge enorm wichtig. Die verschiedenen Menschen wahrzunehmen und wertzuschätzen, darum geht es. Denn jeder liefert seinen Beitrag – eben nur aus verschiedenen Perspektiven."

Thomas nickte. Und ich konnte förmlich spüren, wie das alles in ihm arbeitete. Den Rest der Heimfahrt legten wir schweigend zurück. Gleich am nächsten Morgen habe ich ihn dann zu einem Training eingeladen.

Ich kann mich noch sehr gut an sein Feedback am Ende des Trainings erinnern: „Wenn mich früher jemand angesprochen hat, war ich immer total erschrocken, wusste überhaupt nicht, was ich sagen sollte. Jetzt habe ich mit euch gesprochen und wir haben viel gemeinsam erarbeitet. Ich habe gelernt, was beispielsweise Jürgen wichtig ist. Früher haben wir nie richtig miteinander geredet. Ich merke, wie mir das Freude macht und wie es mich selbst voranbringt."

Wenn ich heute mit Kunden spreche, sind sie begeistert von Thomas als exzellentem Projektleiter, der bärenstarke Resultate liefert. Vor Kurzem habe ich ihn angesprochen und gefragt, was sich denn seit dem Seminar für ihn verändert habe. Seine Antwort war: „Ich interessiere mich für Menschen."

Heute hat Thomas überhaupt keine Schwierigkeiten mehr, vor größeren Gruppen zu sprechen. Er übernimmt sogar Führungsverantwortung in diversen Projekten.

Wunderbar zu sehen, wenn jemand aus meinem Team wirklich auf dem Weg ist! Und dabei hat er sich nicht nur selbst einen Gefallen getan. Nein, er stiftet auch im Unternehmen seitdem einen größeren Nutzen.

In unseren Projekten treffen jedes Mal die unterschiedlichsten Fachexperten aufeinander, da wir in interdisziplinären Teams arbeiten, das macht uns stark. Aber auch jeder mit seiner ureigenen Weltsicht. Sie können sich vorstellen, wie wichtig es ist, dass diese Experten miteinander reden und sich im Sinne des Projekts verständigen können. Dafür müssen sie in der Lage sein, die Sichtweisen des jeweils anderen wertzuschätzen und sich nicht hinter der eigenen Brille zu verstecken. Ich kann schließlich nicht bei jedem Treffen einen „Übersetzer" ins Boot holen.

Dass Thomas gewachsen ist, hat er nicht einer Personalabteilung, einem Incentive vom Chef oder dem Wetter zu verdanken. Nein, er hat selbst die Initiative ergriffen. Er hat mir signalisiert, welchen Weg er gehen möchte. Und er ist ihn gegangen.

Aufgemuntert

Die Wachstumsgeschichte meines Mitarbeiters machte mir eines klar: Wachstum funktioniert nur, wenn der Mensch Selbstverantwortung übernimmt, – und! – wenn das Umfeld dies zulässt. Also wenn der Mensch aus sich heraus den Drang verspürt, Verantwortung zu übernehmen, und die Rahmenbedingungen es ermöglichen, dass er dies – zu hundert Prozent selbstbestimmt – auch tut.

Aber es blieb die Frage, wie ich den Willen zu Verantwortung und Wachstum bei meinen Mitarbeitern wecken sollte. Einmal führte ich im Zug ein denkwürdiges Gespräch mit meinen beiden Geschäftsführerkollegen Andreas und Wolfgang zu genau diesem Thema.

Andreas: „Torsten, früher haben die Mitarbeiter es auf dich geschoben, wenn sie keine Verantwortung übernommen haben. Du warst eben der Flaschenhals! Jetzt fällt diese Ausrede weg, weil es ja drei Geschäftsführer gibt. Aber weißt du was? Es funktioniert immer noch nicht! Wenn ich im Team frage, wer für dieses oder jenes Projekt die Verantwortung übernimmt, meldet sich niemand."

Ich: „Hmm, ich weiß sehr genau, was du meinst. Offensichtlich haben wir es noch nicht geschafft, ein Umfeld zu kreieren, in dem die Verantwortung nicht zugeteilt, sondern von den Mitarbeitern selbst ergriffen wird. Vielleicht erinnerst du dich noch an das Delta-Projekt, das wir mit dem externen Berater realisiert haben. Weißt du noch? Unsere Mitarbeiter haben völlig selbstständig gehandelt, sich Termine gesetzt und geliefert – sie haben die Verantwortung einfach an sich gerissen, ohne dass sie dazu aufgefordert wurden. Scheint ja zu gehen! Und nicht nur prinzipiell, sondern mit unseren Leuten. Wir brauchen nur eine Idee, wie wir diese Initiative auf regelmäßiger Basis wecken können."

Andreas: „Soll ich dir meine Meinung dazu sagen?"

Ich: „Ja, bitte!"

Andreas: „Wir müssen die Abteilungen abschaffen!"

Wolfgang: „Die jetzige Geschäftsarchitektur ist wirklich gut. Sie ist durchdacht, sie orientiert sich an unseren Werten und ist völlig auf den Kundennutzen ausgerichtet. Aber wirklich funktionieren tut sie besser auf dem Papier als im realen Leben. Ich glaube, der Grund, warum die Leute sie in der Breite noch immer nicht angenommen haben, ist schlicht und einfach: dass sie von dir kommt. Und nicht von den Mitarbeitern selbst. Deshalb haben sie Mühe, sie anzunehmen, – und deshalb fehlt ihnen die Initiative zu Verantwortung und Wachstum!"

Die Abteilungen abzuschaffen – zumal sie jetzt endlich richtig gut angeordnet waren –, war schon ein großer Einschnitt. Aber ich sah Andreas' und Wolfgangs Argumente sofort ein. Ich trug mich selbst schon länger mit dem Gedanken, ob wir nicht eher „Räume" brauchten statt „Abteilungen". Räume, in denen Menschen flexibel wie in einem Netz von Organisationseinheiten zusammenarbeiten statt in starren Abteilungen mit festen Zuständigkeiten.

Andreas überlegte, wie wir die Sache umsetzen könnten. Ich überlegte. Und Wolfgang überlegte. Gemeinsam entwarfen wir Szenarien, sammelten Ideen, und heraus kam das, was wir heute unser „Raumkonzept" nennen. Eine völlig neue Geschäftsarchitektur oder, wenn Sie wollen, Organisationsstruktur.

Statt Abteilungen sollte es künftig nur noch „Räume" geben. Räume, die zu Beginn noch gar keinen Namen hatten und noch leer waren. Räume, die jeder betreten und auch wieder verlassen kann. Anders als in den fixen Abteilungen mit fixen Arbeitsplätzen sollten Mitarbeiter in mehreren Räumen arbeiten können. Ein Raum stellte in unserer Definition ein Betätigungsfeld dar – und für die Mitarbeiter zugleich ein Wachstumsfeld.

Das Konzept schien uns so einleuchtend, dass wir es sofort in die Tat umsetzten. Wir beriefen eine Generalversammlung ein und erklärten, dass ab jetzt jeder Mitarbeiter die Chance haben sollte, nur das zu machen, was ihn wirklich interessiert. Die Frage war: An welchen Aufgaben möchte jeder Einzelne arbeiten? Wo sieht sich jeder im Unternehmen?

Konkret haben wir eine große Metaplanwand aufgestellt und darauf die Namen der ursprünglichen Abteilungen aufgeschrieben. Daneben lag ein großer Stapel Karten. Jeder Mitarbeiter hatte jetzt die Chance, sich einem der Räume – oder auch mehreren – anzuschließen. Er schrieb dafür einfach seinen Namen auf eine Karte und heftete diese unter den entsprechenden Raum.

Interessanterweise sind einige wenige Abteilungen oder „Räume" weggefallen (weil sich ihnen niemand zuordnen wollte) und wiederum andere wenige hinzugekommen (die die Mitarbeiter neu geschaffen haben). Im Großen und Ganzen sind die „Abteilungen" aber unverändert geblieben. Lediglich eines hat sich verändert: Die Mitarbeiter haben ihre Zugehörigkeiten anhand ihrer Affinitäten selbst gewählt.

Durch diese Freiwilligkeit, mit der sich die Mitarbeiter ihr Betätigungsfeld aussuchten, passierte in den folgenden Wochen und Monaten etwas ganz Entscheidendes: Sie übernahmen ernsthaft Verantwortung. Sie engagierten sich in den entsprechenden Räumen, weil sie es WOLLTEN. Nicht, weil es ihnen ein Organigramm vorschrieb.

Jetzt haben sie ein wirkliches Interesse daran, ihren Weg bestmöglich zu gehen. Jetzt warten sie nicht mehr, bis ihnen jemand auf dem Silbertablett eine Schulung serviert. Nein, jetzt identifizieren sie eigenständig Lücken und füllen diese.

Übrigens passierte noch etwas Spannendes nach der Generalversammlung: Einige Mitarbeiter fingen an, ganz eigene Kärtchen an die Wand zu heften, also selbst Räume zu kreieren. Ein Mitarbeiter beispielsweise schrieb auf ein Kärtchen: „Standort im Ausland aufbauen." Das war sein Wunsch. Und ein Signal an mich, dass der Mitarbeiter sich in diese Richtung weiterentwickeln möchte. Nun war ich gefragt: Eröffne ich ihm diesen Raum? Passt das zu den Unternehmenszielen? Oder kann er sich diesen Wunsch nicht in unserer Firma erfüllen?

So oder so: Diese Wand spiegelt unser Leben als Firma wider – als Firma in einer sich stets verändernden Umwelt. Und so werden manche Räume größer, andere kleiner, neue kommen hinzu, andere verschwinden.

Jener Mitarbeiter, der für den Raum Technologie verantwortlich ist, hat das Raumkonzept in eine elektronische Version umgesetzt. Wenn es Veränderungen gibt, passt sich das System automatisch an. Hat er einfach so in der Freizeit programmiert, ein tolles Engagement und Ergebnis, von dem alle profitieren.

Als Geschäftsführer stellen wir diese Räume zur Verfügung. Aber Räume sind lediglich ein Angebot. Wir können den Raum schaffen. Die Tür aufmachen und durchgehen jedoch muss der Mitarbeiter selbst. Das ist seine Verantwortung. Und darauf vertrauen wir. Das Schöne: Das Raumkonzept ermöglicht es, sich tatsächlich Lernfelder selbst zu suchen. Ohne Grenzen im Kopf oder im Organigramm!

Raum für Ideen

Natürlich war unser Konzept der Wachstumsräume anfangs nur bildlich gemeint: Möglichkeiten für Wachstum zu schaffen! Erst später wurde mir bewusst, dass dem ideellen Raum auch ein materieller Raum entsprechen kann, vielleicht sogar entsprechen sollte.

Vielleicht kennen Sie das auch: Sie entwickeln sich weiter, sie wachsen, und plötzlich wird das, was vor Jahren noch groß und weit aussah, klein und eng. So erging es mir mit unserem Haus. In meinem Kopf wurde der Raum immer größer und ich fühlte mich mehr und mehr eingeengt in unserer Stadtidylle, die für meine Familie und mich jahrelang das Schönste auf Erden gewesen war, nah am Wald, aber mitten in der Stadt. Die Enge begrenzte mich, ich wurde das Gefühl nicht los: Da geht noch mehr! Noch viel mehr! Inzwischen sind wir aufs Land gezogen, 18 Kilometer von Aachen entfernt, in das Eifeldorf Roetgen, auf einen Bauernhof mit zwei Pferden, einem Hund, Meerschweinchen und Hasen. Viele halten uns für verrückt und können das nicht verstehen. Aber wir genießen sie jeden Tag, unsere Ferien auf dem Bauernhof. Hier findet der Platz in meinem Kopf seine Entsprechung. Das ist Wachstumsharmonie!

Diese Entsprechung ergab sich auch bei meinem Unternehmen. Vor fünf Jahren mussten wir mit der Firma umziehen. Wir wuchsen und brauchten neue Räume. Schließlich haben wir einen Standort gefunden, 1000 Quadratmeter, eine leere Halle, nur mit Außenwänden und in der Mittelachse standen sieben Säulen, das war's. Unser Leiter der Infrastruktur, ein Problemlöser vor dem Herrn mit fotografischem Gedächtnis, hat dieses Objekt ermittelt und mich sofort überzeugt. Einziger Haken: Der Vermieter vermittelte keinen Architekten, sondern stellte uns nur für einige Stunden einen Technischen Zeichner zur Verfügung. Auch gut, dachten mein Mitarbeiter und ich, wir wissen ja, was wir wollen, und so entwarfen wir das Objekt nach unseren Vorstellungen. Wir legten dem Zeichner unsere Konzepte dar und in kurzer Zeit hatten wir Pläne, die genau unseren Vorstellungen entsprachen. Es wurde gebaut, eingezogen und alle waren begeistert. Wir erhielten auch von Kunden und Partnern fantastische Rückmeldungen. Durchdacht, professionell …

Mit einem derart positiven Feedback hatten wir nicht gerechnet, wir waren überrascht und ich fragte mich, woran das lag.

Im gleichen Jahr veranstalteten wir dann noch einen Workshop bei uns, zu dem wir auch externe Partner und Kunden eingeladen hatten. Dabei war Anita Helgesrufer, eine Beraterin mit Feng Shui-Ausbildung. Von Feng Shui hatte ich schon einmal etwas in irgendeiner Wohnzeitschrift gelesen.

Sie fragte: „Herr Osthus, wie haben Sie das konzipiert, wie sind Sie zu diesen Räumen gekommen?"

Ich: „Mein Ziel war es, unsere Werte in Bezug auf die Führung der Firma in den Räumen abzubilden."

Sie: „Das klingt interessant, würden Sie mir das erklären?"

Ich: „Sehr gerne! Folgen Sie mir doch bitte durch unsere Räume. Wenn Sie reinkommen, dann werden Sie empfangen und sehen diesen offenen breiten Flur. Dieser symbolisiert für uns die Wertschöpfung, die Erzeugung von Kundennutzen, an dessen Ende das Ergebnis steht. Und wie

Sie hier sehen, sind die Räume teilweise ganz offen und teilweise verglast. Damit verbinden wir unsere Werte Integrität und Transparenz. Dahinter steht für uns, dass wir transparent miteinander und mit den Kunden umgehen wollen, ohne versteckte Absichten. Und Sie wissen ja bereits, Frau Helgesrufer, dass wir das Unternehmen von den Menschen her entwickeln. Menschen mit ihren Talenten sind für uns wie Diamanten. Deshalb ist unser Gemeinschaftsraum für Essen, Kaffee und Treffen genau in der Mitte."

Sie nickte interessiert und teilte dann unser Büro in die neun Zonen ein, die es im Feng Shui gibt. Überrascht kam sie dann wieder zu mir mit der Botschaft: „Ihr macht ja schon Feng Shui! Eure Räume entsprechen schon den Zonen. Ihr braucht nur noch die richtigen Accessoires."

Interessant, dachte ich. Da scheint eine höhere natürliche Ordnung am Werk zu sein. Auf jeden Fall schienen wir auf dem richtigen Gleis mit unserer Vorstellung von Wachstumsräumen.

Vertrauen im Nebel

Dass Mitarbeiter Wachstumsräume betreten, geschieht nur selten von alleine. Manchmal brauchen sie Druck, manchmal Hilfe, weil sie ihre Möglichkeiten selbst noch nicht sehen können oder das Selbstvertrauen fehlt. Diese Menschen muss man manchmal in einen neuen Wachstumsraum schubsen, damit sie ihren Weg gehen können.

• •

Manche Mitarbeiter muss man schubsen – damit sie ihren Weg gehen.

• •

Ein Mitarbeiter beispielsweise hat einen Wachstumsraum für sich so beschrieben: „Torsten, du machst mir eine Tür auf – zu einer neuen Aufgabe. Ich gehe durch diese Tür, in den neuen Raum. Die Aufgabe ist jedes Mal völlig anders, aber eines ist immer gleich: der Nebel. Und die Angst."

Dieser Mitarbeiter ist ein ehemaliger Entwickler unseres Unternehmens. Ich habe ihn immer sehr geschätzt und wusste, er kann mehr. Er traut sich nur wenig zu. Von selbst schließt er neue Türen eher nicht auf. Und so habe ich ihn stets gepusht. Eine Tür. Noch eine Tür. Auch wenn von ihm nur selten die Initiative kam, so hat er dann doch immer mit radikaler Selbstverantwortung den neuen Wachstumsraum gefüllt – und sich dabei wahnsinnig entwickelt.

Dass Mitarbeiter weiche Knie bekommen, wenn sie eine neue Aufgabe übernehmen, ist ja nur natürlich. Schließlich verlassen sie ihre gewohnten Pfade, ihre Routine, ihre Sicherheit. Wirkliche Wachstumsräume sind immer jenseits der Komfortzone. Und da darf es einem auch ruhig mal mulmig werden. Manche Mitarbeiter müssen in solchen Momenten herausgefordert werden, neue Aufgaben anzunehmen. Und dann werden sie sich auch prächtig entfalten. Entscheidend dafür ist, dass Sie als Chef genau hinschauen und das Potenzial Ihrer Mitarbeiter auch wirklich sehen.

Der Mitarbeiter, von dem ich Ihnen erzählt habe, ist heute Mitglied der Geschäftsführung unseres Unternehmens.

Kapitel 8

Der Kompass – Was es braucht, damit das System „sich selbst führt"

Es ist der zweite Tag der Konferenz. Mein Mitarbeiter Armin Finkensieper und ich sitzen als Erste am Frühstückstisch. Während ich bei einem guten Kaffee langsam aufwache, holt Armin schon sein Smartphone heraus und zählt mir fünf von unseren Wunschkunden auf.

„Mit den fünfen habe ich gestern Abend noch Termine vereinbart. Sie scheinen sehr interessiert. Ich denke, da werden einige Projekte daraus entstehen …"

Was? Fünf Termine an einem Abend? Wie hat Armin das geschafft? Vor allem sind es alles Unternehmen, bei denen ich *weiß*: Ich persönlich hätte es so nicht hinbekommen.

„Super!", sage ich begeistert und muss mich fast zügeln, um ihm nicht wie einem Jungen auf die Schulter zu klopfen. Aber meine Freude ist riesig.

Wir hatten keine Zielvereinbarung über diese Termine. Überhaupt hatten wir – anders als sonst – gar kein Ziel definiert, wie viele Leads am Ende der Konferenz herauskommen sollten. Ich habe ihm nicht einmal gesagt, er solle Termine vereinbaren. Aber er hat es getan! Einfach so.

Warum? Weil er nicht nur die Kundenkontakte und die Geschäftsanbahnung auf der Messe, sondern das Gesamtergebnis der Firma zu seiner Aufgabe gemacht hat. Und nicht als etwas Vorgegebenes, was er erfüllen muss, sondern weil es seiner Haltung entspricht. Und seien wir ehrlich: Es IST auch seine Aufgabe. Das ist die Unterscheidung zwischen scheinbarer Verantwortung und gefühlter Gesamtverantwortung!

Am zweiten Konferenztag war ich erst bei Präsentationen und Gesprächen dabei, aber praktisch saß ich nur noch daneben. Armin hatte die Gespräche komplett im Griff. Ich habe mich einfach nur für ihn gefreut und konnte dann rausgehen und entspannt wichtige Dinge für die Zukunft planen.

Davon hatte ich immer geträumt, aber oft selbst nicht mehr so recht daran geglaubt.

Der Quantensprung in den Ergebnissen liegt in der gefühlten Verantwortung für das Ganze.

An Tagen wie diesen habe ich Zeit und ich merke, ich habe komplett losgelassen, ein gutes Gefühl. Ich sehe meine Mitarbeiter mit Siebenmeilenstiefeln ausschreiten und Spitzenergebnisse erzielen.

Jetzt werde ich gefordert von meinen Leuten, nicht umgekehrt.

Natürlich ging dies nicht mit einem Fingerschnips. Es war eine Entwicklung, die Jahre gedauert hat und in die ich und wir alle im Unternehmen viel Zeit und Energie investiert haben. Doch es hat sich mehr als gelohnt. In dem, was wir in unserem Unternehmen tagtäglich tun, ist inzwischen extreme Geschwindigkeit und Qualität spürbar. Weil die Mitarbeiter eben Verantwortung übernehmen. Ich meine nicht nur auf dem Papier, auf der Visitenkarte, laut Organigramm. Die Verantwortung, die durch eine Position definiert wird, übernimmt ein Mitarbeiter eigentlich nur zum Schein, wenn er sich am Ende doch wieder auf den Chef, der es schon richten wird, verlässt. Nein, ich meine wirkliche Verantwortung. Verantwortung bis zum Schluss. Die erschöpft sich nicht im Nachdenken über die Aufgabe, was wir Akademiker gerne tun, sondern erfordert ein Durchdenken und Zu-Ende-Denken im „Tun". Ohne, dass sich der Mitarbeiter darauf verlässt, dass es da ja im Hintergrund noch einen Airbag namens Chef gibt.

Dadurch, dass meine Mitarbeiter die volle Verantwortung für ihr Tun übernehmen, habe ich auch die Zeit und die Freiheit, loszulassen und mich strategischen Dingen zuzuwenden. Ich schaue nur noch sporadisch bei ihnen vorbei oder werde fallweise konsultiert. Das war's. Kein Einmischen. Kein Entscheiden. Nichts. Im operativen Geschäft läuft es komplett ohne mich. Es ist, als würde sich das System ganz alleine führen.

Das operative Geschäft läuft ohne mich.
Es ist fast, als würde sich das System selbst führen.

Das heißt nicht, dass ich jetzt nur noch Golf spiele oder als Frühstücksdirektor in meinem Büro residiere. Nein, natürlich bin ich nicht untätig.

Und natürlich würde es heute nicht so laufen, wenn ich nicht in den letzten Jahren den Grundstein dafür gelegt hätte – und ihn täglich weiter legen würde durch meine Arbeit am Unternehmen. Aber genau das ist der Unterschied: AM Unternehmen, nicht IM Unternehmen. Aus dem operativen Geschäft selbst halte ich mich raus.

Dass wir so weit gekommen sind, hatte vor allem drei Gründe.

1. Ein gemeinsames Wertesystem

Management-Berater Jim Collins beschäftigt sich in seinen Büchern mit der Frage, was Unternehmen über Jahrzehnte erfolgreich macht und Marktführer von anderen Unternehmen unterscheidet. Unter den untersuchten Unternehmen waren Größen wie Johnson & Johnson, Procter & Gamble, 3M oder General Electric. Die Fragestellung lautete: Was macht sie erfolgreich? Das Marketing? Die Produktqualität? Die Innovationen? Heraus kam etwas sehr Einfaches und im Nachhinein betrachtet sehr Vorhersehbares: Was all die Firmen gemeinsam hatten, war ein eigenes, gemeinsam gelebtes Wertesystem.

Unternehmen brauchen also Werte. Soviel ist klar. Techniken ändern sich, die Märkte ändern sich, und zwar immer rasanter, so dass die Werte eines Unternehmens das einzig Beständige sind, was bei den zahlreichen „Neuerfindungen" Identifikation für die Mitarbeiter und Resonanz bei den Kunden ermöglicht.

Doch wie zeigen sich diese Werte? Welche sind es? Und wie werden sie gelebt? Damit eine von gemeinsamen Werten bestimmte Arbeitskultur entstehen kann, braucht es eine Art Codex. Ein gemeinsames Verständnis darüber, womit jeder beim anderen rechnen kann. Etwas, was der Zusammenarbeit die gewünschte Richtung verleiht. Einen gemeinsamen Mindset. Eine gemeinsame Haltung, mit der alle, die zusammenarbeiten, an die Sache herangehen. Mit anderen Worten: Es ist nicht egal, welche Werte in Ihrem Unternehmen gelebt werden. Wir haben folgende vier Werte als Grundlage für unseren Erfolg definiert:

- → Verantwortung
- → Vertrauen
- → Ergebnisse (mit Nutzenfokus)
- → Lernen (Feedback und Verbesserung)

Und die funktionieren bei uns – unabhängig von der Landeskultur – in Deutschland wie in den USA oder China.

Vor einigen Monaten hatte ich unser erstes Strategiemeeting mit meinen neuen Geschäftsführerkollegen Wolfgang und Andreas und unserem Coach. Natürlich ist nicht alles Gold, was glänzt, und es hat direkt am Anfang schon wieder geknallt. Der eine sagt etwas, beim anderen poppt ein bekanntes Muster hoch und schon ist der Ärger da. Aber es gibt *einen* Riesenunterschied: Jeder schaut, was das Gesagte und die Reaktion darauf mit ihm selbst zu tun haben. Wir haben Wohlwollen und Interesse füreinander und wir haben ein gemeinsames Warum, jeder auf seine Weise weiß, wohin die Reise gehen soll und aus welchen Gründen.

> Wir haben Interesse füreinander und ein gemeinsames Warum. Jeder auf seine Weise weiß, wohin die Reise gehen soll und mit welchen Motiven.

Wir haben Vertrauen zueinander und ineinander, wir sind ein echtes Geschäftsführungs-TEAM. Und jeder, der diese Rolle einmal eingenommen hat, weiß, was das heißt, in „einem Käfig voller Alphatiere". Was früher Missverständnisse erzeugte, die Monate, manchmal Jahre Zeit verschwenden konnten, was an manchen Stellen ein Gegeneinander war und in die gesamte Organisation wirken konnte, das ist heute in fünf Minuten geklärt. Teamvertrauen schafft Geschwindigkeit. Unsere Zusammenarbeit in der Geschäftsführung ist heute Champions League. Für uns ist das wie d'Artagnan und die drei Musketiere.

Es ist aber auch ein ständiges Arbeiten an der Verbesserung.

Denn Vertrauen ist eine Frage der gesamten Unternehmenskultur, ohne Vertrauen auch kein Feedback, ohne Feedback keine Verbesserung, ohne Verbesserung keine exzellenten Ergebnisse und ohne Verantwortung gar keine Ergebnisse.

Diese Werte bilden einen Regelkreis. Jetzt stellen Sie sich vor: In diesem Kreis entsteht Wertschöpfung. Der Regelkreis zeigt, wie Ihre Werte zusammen wirken:

Es gibt eine Aufgabe, sagen wir einen Kundenauftrag, und Mitarbeiter erstellen daraufhin eine Leistung. Es entsteht also ein konkretes Ergebnis. Dieses Ergebnis wird mit einem Soll-Wert abgeglichen. In unserem Fall kann das der vereinbarte Leistungsumfang sein. Oder auch ein bestimmtes Unternehmensziel. Aus diesem Abgleich entspringt eine Aussage: Passt oder passt nicht.

Um eine Abweichung zu erkennen, brauchen Sie entsprechendes Feedback. Möglicherweise können Sie dieses selbst generieren. Andernfalls brauchen Sie jemanden, der es Ihnen gibt. Der Ihnen sagt, dass es nicht passt. Der Ihnen die Chance gibt, das zu regeln.

Ist die Abweichung erkannt, erfolgt eine konkrete Maßnahme, eine Verhaltensänderung. Diese wird erneut in den Kreis eingeschleust.

Diesen Regelkreis können Sie für jede Ebene aufstellen, sei es auf der ganz persönlichen Ebene oder auch auf Team- oder Unternehmensebene. Grundvoraussetzung für die Wirksamkeit auf jeder höheren Ebene ist aber, dass der Kreis zunächst in uns selbst stattfindet. Wir haben als Menschen einen Vorteil: Zwischen Reiz und Reaktion haben wir die Freiheit, zu entscheiden.

In diesem Regelkreis wirken die Werte zusammen, sie fangen an zu leben. Es ist dieser kybernetische Regelkreis, auf den sich bei uns Erfolg zurückführen lässt. Als Mensch, als Team, als Unternehmen und in der Zusammenarbeit mit unseren Kunden und Partnern.

2. Ein echter Kompass

Dieser Regelkreis dient uns als Kompass. Aus ihm lässt sich alles ableiten und jeder findet Orientierung. Wenn Sie ihn bei der Arbeit verwenden, dann weiß jeder Mitarbeiter in jedem Moment, was zu tun ist. Ich will Ihnen ein kleines Beispiel geben.

Vor einiger Zeit riefen wir eine Projektleiterrunde ins Leben. Ein Team aus insgesamt acht Projektleitern. Der Plan: eine Verbesserung unserer Kundenprojekte. Schließlich stand die Frage im Raum: Wer führt diesen neuen Prozess? Der Bereichsleiter „Solutions" oder der Leiter des Bereichs „Technologie"? Die erste Idee: der Technologieleiter. Der hat Erfahrung und die Technologieexpertise ist wichtig für unsere Projekte.

Ich verwies auf unseren Kompass und sagte: „Wenn ihr vom Kundennutzen ausgeht, wer sollte dann die Runde führen?" Nur diese eine kleine Frage, mehr nicht. Einstimmiges Feedback: Na, der Verantwortliche für „Solutions" sollte die Führung übernehmen.

Der Kompass zeigt uns, was zu tun ist. Jederzeit. Ganz konkret. Mehr Führung braucht es nicht.

Sehen Sie, was ich meine? Eine kleine Erinnerung an den Kompass, in diesem Fall an unseren Kundenfokus, reicht aus, damit die Mitarbeiter selbst sofort darauf kommen, was sinnvollerweise zu tun ist. Wenn wir zum Beispiel einen neuen Prozess oder eine neue Funktion einführen wollen, stellen wir uns die Frage, wie die Geschäftsarchitektur und der Prozess aussehen müssten – vom Kunden her gedacht.

Deshalb ist dies auch eines der ersten und wichtigsten Dinge, die wir bei Neueinstellungen prüfen: Identifiziert sich ein neuer Mitarbeiter mit unseren oben beschriebenen Werten als Unternehmenswerten? Hat er den Willen zu lernen – auch in der Persönlichkeit zu wachsen –, und den Impuls, einen Nutzen für andere zu erzeugen?

Das ist kein Patentrezept, aber es lohnt sich vielleicht, darüber nachzudenken. Feststellen kann ich persönlich, dass gerade diese Werteorientierung bei der Einstellung von exzellenten Mitarbeitern entscheidend ist.

Minuten, die Jahre sparen

Aus der nur angelehnten Tür des Besprechungsraumes höre ich entspanntes Lachen. Als ich eintrete, steht Michael Meyer auf. Groß gewachsen. Die breiten Schultern lassen auf irgendein sportliches Hobby schließen. Vielleicht Schwimmen, denke ich. Er ist seriös, aber locker gekleidet. Sein Jackett hängt bereits über der Stuhllehne. Genau wie Wolfgangs marineblaues Sakko. Mein Kollege hat das Gespräch bereits mit ihm eröffnet. Die beiden scheinen sich gut zu verstehen.

Michael war heute zum zweiten Mal im Haus. Es ging um die Besetzung einer Projektleiter-Stelle in unserem Team. Vor ein paar Tagen hatte er bereits mit meinen Mitarbeitern aus dem entsprechenden fachlichen Bereich gesprochen. Ich hatte sein Profil gelesen. Jetzt wollte ich mir selbst einen Eindruck verschaffen.

Ich begrüße Wolfgang mit einem fröhlichen Spruch und gebe Michael die Hand. Ein fester Händedruck. Er wirkt sympathisch auf mich.

Wir setzen uns. Ich wähle bewusst den Platz gegenüber. Michael scheint gut vorbereitet. Vor ihm liegt zur Sicherheit noch einmal eine Mappe mit den wichtigsten Unterlagen. Daneben eine Mappe mit Notizen. Fragen, vermute ich.

Ich frage ihn zunächst nach seiner Motivation, bezogen auf seine Position. Wo will er hin bei uns?

Er: Ich will in einigen Jahren Projektverantwortung übernehmen. Aber erst möchte ich Erfahrungen sammeln – darin, wie Sie in Ihrem Unternehmen große Projekte erfolgreich über die Bühne bringen. Und zwar so, dass der Kunde am Ende wirklich begeistert ist. Denn mir ist eines besonders wichtig: Wenn ich etwas mache, dann möchte ich, dass etwas entsteht, womit der Kunde wahrhaftig etwas anfangen kann.

Ich nickte innerlich. Passt. Der Mann will etwas bewegen. Und Nutzenorientierung ist ganz klar vorhanden.

Er: Herr Osthus, darf ich Ihnen auch eine Frage stellen?

Ich: Selbstverständlich, Herr Meyer.

Er: Mich interessiert vor allem, wie Sie in Ihrem Hause Führung verstehen?

Ich erzähle ihm von unseren Wachstumsräumen. Im Kopf setze ich bereits einen zweiten Haken. Er will sich entwickeln, er will lernen. Das passt.

Er: Herr Osthus, ich habe Ihnen hier noch ein paar relevante Arbeitsproben mitgebracht.

Ich: Wir haben uns das bereits angeschaut. Alles gut, Herr Meyer.

Er: Wie jetzt, wollen Sie nichts weiter über mich wissen? Keine Fragen zum Lebenslauf?

Ich: Ich will nur zwei Dinge von Ihnen wissen: Ihr Kunde fragt Sie, ob Sie in dem neuen Projekt lieber die Beratung oder die Wartung übernehmen wollen. Es ist ein offenes Geheimnis, dass in der Wartung viel, viel mehr Geld steckt. Was sagen Sie? Welche Karte würden Sie an unsere Wachstumsräume-Wand heften?

Ich war mit seinen Antworten rundum zufrieden.

●●●

„Wenn ich etwas tue, dann will ich, dass der Kunde etwas davon hat."
Da wusste ich, das passt.

●●●

Bei einer Neueinstellung ist für mich vor allem entscheidend, dass der Mitarbeiter unsere Werte teilt. Das ist deshalb auch das Einzige, was ich persönlich abprüfe, wenn jemand neu zu uns ins Unternehmen kommt. Natürlich muss der- oder diejenige auch fachlich Ahnung haben. Das finden meine Mitarbeiter aber sehr schnell heraus. Dafür brauchen sie mich nicht.

Ich prüfe nur: Passt der Kompass?

●●●

Wenn ich wissen will, ob jemand wirklich in unser Unternehmen passt, hilft mir kein Lebenslauf. Da prüfe ich nur: Passt der Kompass?

●●●

Nach fünf Minuten weiß ich Bescheid. Nach 20 Minuten ist das Gespräch zu Ende. Und ich kann mich wieder anderen Dingen zuwenden. Fünf Minuten und es ist klar: Wir ziehen an einem Strang oder wir gehen getrennter Wege. Fünf Minuten, die Jahre sparen. Denn man kann über alles diskutieren, wir können vieles verändern, aber nicht unsere Werte.

3. Eine hohe Beziehungsqualität

Noch niemals habe ich jemanden erlebt, der losgelöst von anderen arbeitet. Der komplett autark agiert. Im Gegenteil: Wenn wir wirklich etwas bewegen wollen, braucht es immer ein Miteinander. Was ich damit meine, hat rein gar nichts mit Team-Incentives oder gemeinsamen Tschakka-Erlebnissen zu tun. Nein, hier geht es um Beziehungsqualität im Arbeitsalltag. Wie gut versteht man sich? Passt das Mindset zueinander?

Die meisten Probleme, mit denen Führungskräfte im Unternehmen zu tun haben, haben ihre Wurzeln auf der Beziehungsebene.

Wenn die Beziehung zwischen Chef und Mitarbeiter oder auch zwischen den Mitarbeitern selbst nicht stimmt, gibt es ein Desaster. Wenn sich auch nur einer auf den Schlips getreten fühlt, stecken Sie wertvolle Zeit und Energie in Konflikte. Daher ist eine hohe Beziehungsqualität für mich auch beileibe kein „Nice-to-Have", sondern absolut existenziell.

• •

Wenn die Beziehung stimmt, haben Grabenkämpfe keine Chance.
Dann geht's nur noch nach vorn.

• •

Politische Spielchen, Grabenkämpfe oder Egotrips jeder Art bremsen das System aus. Angebote, die Sie vorher in einigen Tagen zusammen auf die Beine gestellt haben, dauern plötzlich Wochen. An der Ideenfront wird es auch ziemlich dünn. Von Entwicklung ist nicht mehr viel zu spüren. Sie verlieren deutlich an Fahrt.

Wenn Sie in Ihrem Unternehmen also unterschwellig Konflikte spüren, dann holen Sie sie ans Licht. So schnell wie möglich. Und räumen Sie sie aus. Damit Sie wieder in den gewohnten Sprint verfallen können.

Gerade auf der obersten Führungsebene ist es unerlässlich, dass das Miteinander stimmt. Warum ich das so hervorhebe? Ich bekomme immer wieder mit, dass im Top-Management die Menschen eher gegeneinander als miteinander arbeiten. „Bloß keine Schwäche zeigen" ist die Devise und die Hidden Agenda hat Hochkonjunktur.

Damit haben wir nichts am Hut. Unser Dreier-Geschäftsführer-Team agiert wie die „Drei Musketiere". Es gibt nichts Stärkeres, als wenn Sie auf diesem Level als Team funktionieren!

Die Insel der Seligen

Ich hatte vor einem Jahr Besuch von Bernd Gruger, einem befreundeten Berater, und wir diskutierten über Wachstumsstrategien für unser Unternehmen.

„Torsten, ihr habt da eine einzigartige Unternehmenskultur und die müsst ihr in eurer Wachstumsstrategie berücksichtigen."

„Was meinst du damit?"

„Na ja, ihr habt hier ein schönes Biotop geschaffen und durch Kooperationen mit Konzernen kommt ihr in ein Haifischbecken – die ticken doch ganz anders! Die gute alte Hierarchie lässt grüßen."

„Hm, das kann sein – aber eigentlich glaube ich das nicht. Wir sind keine Exoten mit einer Unternehmenskultur Marke „Esoterik", die nur hier bei uns unter genau diesen Bedingungen funktioniert. Ich bin sogar fest davon überzeugt, dass dies eine Bewegung, vielleicht sogar ein Trend ist."

„Was meinst du damit?"

„Okay, Bernd, ich glaube daran, dass das mit dem Biotop vielleicht sogar stimmt, aber vielleicht anders, als du denkst. Ich bin überzeugt, dass Wirtschaft zukünftig wie ein Organismus funktionieren wird, wie Zellen, die miteinander kommunizieren und Teil eines Ganzen sind. Wir haben das doch schon mit dem Internet und jetzt Internet of Things. Alles ist miteinander verbunden, alles wird vernetzt, alles wird global und gleichzeitig individueller. Das ist doch schon da.

Früher haben unsere Kunden – und das sind immerhin BIG-Pharma-Konzerne oder andere Life-Science-Unternehmen mit Milliardenumsätzen! – alles alleine gemacht. Heute arbeiten sie mit externen Forschungsorganisationen zusammen. Letztens zeigte mir ein Pharma-Konzern seine Open-Innovation-Initiative, in der sie jeden einladen, Wirkstoffe als Ideen einzureichen. Es geht doch alles in Richtung einer mehr und mehr vernetzten Zusammenarbeit. Denkst du, das ist alles Zufall?"

„Nein, Torsten, das nicht, aber für die großen Konzerne ist so ein Denken, so eine Führungskultur, wie du sie lebst, doch sehr weit weg."

„Ich weiß nicht, Bernd, Fakt ist, dass Gartner festgestellt hat, dass das Thema flexible Organisationsformen als eines der Top-3-Themen für CEOs von BIG Pharma ist. Und du weißt, Gartner ist einer der weltweit größten Business-Analysten.

Wenn du auf unsere Werte schaust, funktioniert das auch genauso wie in der Evolution durch Adaption und Selektion. Alles, was nicht nutzt und zum Ganzen beiträgt, muss raus. Würde der Ansatz bei uns nicht funktionieren, wären wir nicht so erfolgreich, wie wir es sind. Ich glaube fest daran, dass die Art und Weise, wie wir unser Unternehmen führen, unabhängig von Branche, Firmengröße oder -standort umsetzbar ist."

Bernd ist immer noch zögerlich.

„Okay, Bernd, sprechen wir doch in Ergebnissen. Wir haben in den USA, in Washington DC, das Projekt eines Pharma-Konsortiums zur weltweiten Standardisierung von Labordaten gewonnen. Dahinter stehen 13 der weltweit Top-20 Pharma-Unternehmen, die sich für uns entschieden haben. Und wir haben heute weltweit fünf Standorte in Deutschland, den USA und China und beschäftigen über einhundert Mitarbeiter rund um den Globus. Du weißt, dass die besten Leute bei uns anklopfen, wir wachsen zweistellig. Warum ist das so? Dafür gibt es Gründe!"

Einfach, aber nicht leicht

Das Schöne am Kompass ist für uns, dass er einfach ist. Aber er ist nur einfach zu verstehen, aber nicht leicht umzusetzen. Da hilft es nicht, ihn aufwändig gezeichnet an die Wand zu hängen. Nein, Sie müssen ihn als Chef vorleben. Und Sie müssen ihn vorstellen. Nicht nur einmal, sondern immer wieder.

Für die Kritiker unter uns, und da zähle ich mich auch dazu, klingt das vielleicht alles zu einfach, zu schön, um wahr zu sein. Stimmt! Wir reden hier von einem (unternehmens-)lebenslangen Prozess und einer Orientierung, bei der uns die Arbeit den Weg zeigt.

> Der Kompass ist Prozess und Orientierung.
> Dabei zeigt uns die Arbeit den Weg.

Und der Weg ist schmerzhaft. Immer wieder gibt es Zeiten, in denen ich nach Hause komme und erzähle: „Jetzt ist es geschafft!" Aber schon zwei Tage später erfolgt der Rückschlag, dann schlaflose Nächte ...

Der Prozess des Wachstums ist für alle ein persönlicher Schulungsweg, insbesondere für jede Führungskraft. Immer wieder zwei Schritte vor und einen Schritt zurück, manchmal auch drei.

Ein Beispiel: Ich habe viel vom Lernen gesprochen und natürlich ist Lernen wichtig, niemand wird da widersprechen. Aber wenn ich vom Lernen spreche, dann meine ich das Wachstum der Persönlichkeit. Dabei kommen wir an unsere inneren Widerstände, dorthin, wo es wirklich weh tut. Jenseits der Komfortzone finde ich immer wieder zwei extreme Reaktionen: die „Du bist Schuld"-Menschen, die anderen die Verantwortung für ihr Scheitern geben; deren Fallstricke sind Arroganz, Ignoranz und Eitelkeit, sie wollen sich schützen und ihr Gesicht nicht verlieren. Und dann gibt es noch die „Selbstzerfleischer", die die Ursache für ihr Scheitern immer bei sich selbst suchen, die (ver-)zweifeln, sich einen Knoten in den Kopf denken und nicht mehr aus der Mühle raus-kommen.

Beides macht keinen Sinn, ist weder ergebnisgerichtet noch führt es zu Wachstum. Letztlich führen beide Verhaltensweisen zu massiver Unzufriedenheit der Mitarbeiter und zum Schrumpfen des Unternehmens.

Deshalb habe ich dieses Buch unseren Unternehmenswerten gewidmet, dem Weg des Wachstums mit all seinen Hindernissen und Schmerzen, aber auch Erfolgen. Es lohnt sich, ihn zu gehen. Denn am Ende bekommen wir viel mehr, als wir gegeben haben, wir müssen nur unseren größten Feind im Griff haben: unser eigenes Ego. Und wir müssen durchhalten! Sie erinnern sich: Zwischen Reiz und Reaktion haben wir die Freiheit, zu entscheiden.

Wie läuft es also heute bei uns?

Dazu ein Beispiel von der WM 2014. Deutschland-Brasilien, Halbfinale. Schweinsteiger war von seinem Teamkollegen Dante etliche Male hart gefoult worden. Nach dem Spiel wurde Schweinsteiger von einem Reporter gefragt, wie er und seine Teamkollegen es schaffen würden, nach solchen Angriffen wieder erfolgreich zusammen zu spielen. Die Antwort lautete in etwa so: „Es passieren Fehler, wir klären es, stehen wieder auf, entwickeln uns und machen einfach weiter. Wir sind PROFIS."

Danke!

Ich danke meiner Familie für das Urvertrauen, das uns stark macht. Besonders danke ich meinen Töchtern, Anna-Lena und Marie, die mich immer noch lieben, obwohl ich den Laptop mit in den Urlaub nehme.

Danke an meinen Bruder im Geist und Herzen, Atilla Vuran, für die Unterstützung auf dem Weg. Und für die Tage in der Schweiz, in denen er mir viele Türen gezeigt hat – auch wenn ich manchmal Schwierigkeiten hatte, den Schlüssel zu finden.

Peter Rasenberger, der mich gelehrt hat, auch grundlegende Konflikte anzugehen, danke ich ebenfalls. Besonders für seine Idee, mit der Familie erst einmal ein Wochenende in Holland zu verbringen, als ich dachte, die Welt geht unter. Und – Wunder – die Welt stand noch am Montag.

Ich danke Andreas Mohr und Wolfgang Colsman, dass sie immer noch einen Kaffee mit mir trinken – obwohl ihr Lernen manchmal auch mein Lernen war.

Danke an das OSTHUS-Team, das Herausragendes leistet – auch wenn sich die Organisation manchmal selbst überholt.

Ich danke meinem väterlichen Freund, Bernhard Kloke, der immer an meiner Seite steht und an mich glaubt.

Theresa Weiglhofer, die dem Manuskript den letzten Schliff gegeben hat und meine Verspätungen mit Wienerischer Gelassenheit hingenommen hat, gebührt mein ganzer Dank.

Und ich danke dem Team Gorus, mit dem das gemeinsame Schreiben Freude gemacht und etwas Besonderes hervorgebracht hat.

Der Autor

Seit nunmehr 20 Jahren ist Torsten Osthus in der Rolle des executive leaders. Bereits während seines Studiums beschäftigte er sich intensiv mit den Themen Systemtheorie und Kybernetik mit dem Ziel, wirkungsvolle Werkzeuge für seine Führungsaufgaben zu finden.

Im Jahr 2005 begann er sein Führungssystem zu entwickeln, das auf einem sehr einfachen Regelkreis mit nur vier Steuerungselementen basiert. Rund um dieses einfache System und das dahinter stehende Wertesystem hat Torsten Osthus Angebote für Seminare und Workshops geschaffen, in denen er Führungskräften und Mitarbeitern die Möglichkeit gibt, sich im Hinblick auf ihre beruflichen und privaten Herausforderungen weiterzuentwickeln, um das Beste aus sich und ihren Teams herauszuholen.

Wenn Sie weitere Informationen zum Leadership-Regelkreis oder zu den Seminaren und Workshops erhalten möchten, besuchen Sie bitte die Seite www.chefsache-empowerment.de.

Der Autor